青少年 科普图书馆

INTERESTING GEOCHEMISTRY

世界科普巨匠经典译丛·第二辑

趣味地球化学

（俄）费尔斯曼 著　朱敏 译

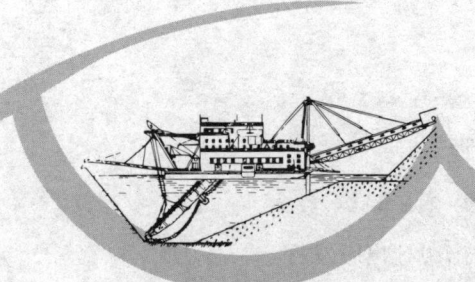

上海科学普及出版社

图书在版编目（CIP）数据

趣味地球化学 /（俄）费尔斯曼著；朱敏译. — 上海：上海科学普及出版社，2013.10（2022.6 重印）

（世界科普巨匠经典译丛·第二辑）

ISBN 978-7-5427-5838-5

Ⅰ. ①趣… Ⅱ. ①费… ②朱… Ⅲ. ①地球化学 – 普及读物 Ⅳ. ① P59-49

中国版本图书馆 CIP 数据核字 (2013) 第 177279 号

责任编辑：李 蕾

世界科普巨匠经典译丛·第二辑

趣味地球化学

（俄）费尔斯曼 著 朱敏 译

上海科学普及出版社出版发行

（上海中山北路 832 号 邮编 200070）

http://www.pspsh.com

各地新华书店经销 三河市金泰源印务有限公司印刷

开本 787×1092 1/12 印张 20 字数 240 000

2013 年 10 月第 1 版 2022 年 6 月第 3 次印刷

ISBN 978-7-5427-5838-5 定价：39.80 元

本书如有缺页、错装或坏损等严重质量问题
请向出版社联系调换

原序

在本书中，费尔斯曼阐述了地球化学的知识，这是地质科学的一个分支，也是他研究的重要方面，他的目的是证明地球的化学构成和他想象的一样。

20世纪初期，地球化学这个分支才出现，苏联著名的科学家维尔那德斯基院士和费尔斯曼院士有许多关于这方面的著作。

经过了无数人的努力，才终于把零星的知识整理起来，对地壳的化学成分有了初步的认识。借助于原子物理学和原子化学的研究成果，地质学家和矿物学家更好地了解了地壳的组成。人们知道了原子、分子的变化和宇宙中的太阳、其他的星体的变化，它们都是一样的。

于是，地球化学这门科学就出现了，它带着我们走进了物理化学、宇宙化学、天体物理学的领域，同时把三门科学有机地结合起来。

费尔斯曼把大部分的精力花在了研究地球化学上，他深刻地了解到这门科学的重要意义，不仅是经济生活方面，还包括了文化生活方面。

费尔斯曼在青年人的心中有着重要的地位，因为他不仅是一个著名的科学家，为苏联的科研事业做出了巨大的贡献，还是一个热爱科学、热爱生活的人，给青年人写了许多科普读物，最著名的就是《趣味矿物学》和《趣味地球化学》。

遗憾的是，在《趣味地球化学》还没有完成的时候，费尔斯曼就去世了，他的朋友和学生补写了书中的几章。例如，赫洛平院士写了"化学元素和原子"和"原子的分裂现象"这两章节；维诺格拉多夫院士写了"生命的基础——碳"、"水中的各种原子"、"活细胞中的各种原子"这三个章节；谢尔比纳教授写了"稀有的分散元素"这一章节；谢尔巴科夫院士写了"地球化学的思想片段"这一章节；拉祖莫夫斯基教授写了"人类史上的各种原子"这一章节。

费尔斯曼教授坚持不懈地研究苏联的矿产资源，其名声很大，不仅是著名的矿物学家、地球化学家、地理学家，还是旅行家、作家、地质知识的普及者，他在这些方面均有着杰出的表现。

1883年10月27日，费尔斯曼出生于圣彼得堡，在克里木度过了他的童年，那时就喜欢关于石头的科学。费尔斯曼后来说，克里木是他的第一所学校。

费尔斯曼年少的时候，喜欢的是石头美丽的外表，后来对石头的成分和成因产生了兴趣。

中学毕业后，费尔斯曼进入莫斯科大学学习，在这里接触了自然科学家维尔那德斯基的矿物学课程，并做了研究工作。

在维尔那德斯基之前，矿物学是枯燥无味的，主要内容是描述各种矿物，研究矿物的结晶形状及分类法。

不过，维尔那德斯基改变了这种情况，给矿物学带来了生机。他把矿物当作天然的化学产物来研究，注重矿物的形成条件：矿物是如何产生的，在什么情况下会转变成其他的矿物等。

这种新的矿物学不像旧的矿物学那样只是死气沉沉地描述地球内部的情况，因此引起了青年研究者的兴趣。研究者不再是单纯的矿物学家，同时还必须是化学家。后来，费尔斯曼回忆维尔那德斯基时说道："教授的讲课方法是把化学和自然界相结合，把化学思想和博物学家的工作相结合。在自然科学上，这是一个新的学派，以正确的地球化学生活作依据。"当时，莫斯科大学的矿物学课程不仅在研究室和实验室里进行，还必须在大自然中进行。每一次的教学课程，都要到大自然中观察和勘探。后来，费尔斯曼多次回忆到这种情况。

时间一点点地流逝，大学的青年们不断地学习、研究，不分昼夜地写着论文，有时他们好几天不离开学校一步。

1907年，费尔斯曼从莫斯科大学毕业了。在大学时，他就在维尔那德斯基的指导下发表了五篇论文，是关于结晶学、化学和矿物学的。

这些论文发表后，费尔斯曼获得了安齐波夫金质奖章，这个奖是矿物学会颁给他的。

27岁的时候，费尔斯曼当选为矿物学教授；1912年，他开始讲述地球化学这门新的科学，开创了科学史上的先例。

在讲课时，费尔斯曼不断地强调："我们要做的是地质学家和化学家，因为矿物是各种元素的组合体，我们不仅要研究矿物的分布和生成情况，还要研究元素的本身，以及元素的分布、变化。"

此后一直到费尔斯曼去世，他一直在苏联科学院工作，先是圣彼得堡，后来是莫斯科。

十月革命给科学家的研究工作提供了新的有利条件，费尔斯曼有了无穷的机会来发挥他的才能。苏联政府下了指令，要有系统地研究国内的自然生产力，费尔斯曼把全部的精力投入到这上面。

费尔斯曼是一个资深的研究者，主张科学工作的实用性，他号召科学家投身到符合国民经济的领域中去。

1919年，费尔斯曼当选为苏联科学院院士，还担任了科学院矿物博物馆馆长。

费尔斯曼得到了很高的评价，他对科学和实践有着浓厚的兴趣，有着极强的工作能力。在阐述地球化学和矿物学原理的时候，他把野外勘察工作放在首位，带领着学生进行了无数次的勘测工作。在苏联境内到过的地区有：科拉半岛的希比内苔原、有着茂盛植物的费尔干流域、中亚的卡拉库姆沙漠和凯吉尔库姆沙漠、贝加尔湖沿岸和外贝加尔湖大密林地区、森林茂密的乌拉尔东部山坡、阿尔泰山、乌克兰、克里木、北高加索、南高加索，以及其他的地方。

科拉半岛的勘察工作是非常重要的。1920年和1930年，费尔斯曼先后在希比内山和蒙切苔原进行考察，一直持续到他的晚年。

在科拉半岛，费尔斯曼发现了磷灰石矿床和镍矿石，这是一个重要的发现，有着巨大的意义。

由于费尔斯曼和其他科学家的不懈努力，在科拉半岛发现了多种矿产资源，而且这些资源的储量非常丰富。

1929年，苏联政府下令，开采科拉半岛的矿产资源。在此之前，这个半岛一直是一个荒凉僻静的角落，位于苏联的极北地区，几乎没有人去过，现在却成了重要的矿产区。像变魔术一样，这个半岛周围兴起了一些城市：首先是希比内戈尔斯克，也就是现在的基洛夫斯克；不久又出现了蒙切戈尔斯克及其他的城市。

在描述科拉半岛的工作时，费尔斯曼说过这样的话："在我的全部经历里，在关于自然界的各种回忆里，印象最深刻的就是希比内山——在那里我度过了一个科学时代，花费了我20多年的时间和精力，支配了我的全部生活。不仅加强了人们的意志，还唤起了人们的科学精神，人们对它充满了希望……由于我们的不懈努力，对希比内山进行了大量的研究工作，我们终于发现了丰富的资源，创造了奇迹。"费尔斯曼在希比内山进行勘察工作，用无穷的精力应付大量的科学研究。

1924年，费尔斯曼被调到中央工作，直到逝世他都对这个工作有着浓厚的兴趣。1925年，他到无人去过的卡拉库姆沙漠旅行，在这里发现了丰富的自然硫矿床，它从此成为苏联工业上的巨大"富矿"。后来，他又参加了那里的硫磺工厂建设工作，这个工厂现在还在运作。

1934年到1939年的这段时间，费尔斯曼完成了阐述地壳元素的著作《地球化学》，共分为四卷；在这本书里，他利用物理化学定律分析了地壳原子的移动规律，充分体现了他的才能和预见性。这部著作出版后，费尔斯曼和他所代表的地球化学得到了全世界的肯定。

1940年，费尔斯曼完成了另一部著作《科拉半岛的矿产》。在这本书里，他用实例说明了研究地球化学的方法，还指出了如何寻找矿床。这本著作出版后，费尔斯曼在1942年获得了斯大林奖金一等奖。

费尔斯曼的遗著非常多，他一生发表的文章、论文共1 500多篇。他的著述不仅有关于结晶学、矿物学、地质学、化学、地球化学、地理学、航空摄影测量方面的，还有天文学、哲学、艺术、考古学、土壤学、生物学等其他方面的。

费尔斯曼不仅是一个伟大的科学家，同时还是政治家和社会活动家。

需要说明的是，费尔斯曼还是一个著名的作家，一个出色的地质知识的普及者。阿•尼•托尔斯泰称他为"写石头的作家"。

听过费尔斯曼的报告和学术演讲的人，都受到了深深的鼓舞，他打动了不同年龄、不同职业的听众的心，他所写的通俗科学文章也深受读者的喜爱。

1928年，《趣味矿物学》首次出版，现在这本书已经有了多种版本，出版了20多次。1940年，出版了《岩石回忆录》。《我的旅行》、《宝石的故事》、《趣味地球化学》是费尔斯曼去世后出版的，这几本书的出版使得费尔斯曼的名声享誉全球。

这些书的出版有着重要的意义，这里面有着费尔斯曼的劳动成果和多年积累的经验，同时反映了这位科学家的生活，以及他对科学的浓厚兴趣。由于费尔斯曼是一个经验丰富的教育者，这些书对于培养苏联的青年一代有着重要的意义。而且，他是一个出色的演讲家，他的话充满激情，引起了大批青年对矿物学和地球化学的热爱，使他们投身到新的研究工作和勘探工作中去。

在这里，我们要特别强调费尔斯曼对祖国的热爱。这种热爱表现在他的每一篇文章和每一次的演讲中，他赞美劳动的功绩，号召人们去掌握科学知识，在这种基础上去改造苏联的大自然。

费尔斯曼说："我们不做自然的摄影师，而是做研究者和创造者，我们要控制自然、征服自然，使自然资源为我们的经济生活服务。我们不做走马观花的游览者，把看到的一切记录到笔记本中。而是要深入到大自然的内部，研究大自然后不仅要产生思想，还有创造出事业来。我们不能仅仅在祖国的大地上溜达，一定要参与祖国的建设工作，为苏联的明天贡献一份力量。"

在费尔斯曼的眼中，生活离不开工作和科学。在工作中，遇到的困难越大，他就越有热情去解决这个问题。

1945年5月20日，费尔斯曼因重病离开人世。

别良金院士说："费尔斯曼对祖国的贡献是无以估量的，是永存不朽的。他对科学有着浓厚的兴趣，总是想到祖国的利益和荣誉，就这两点而言，他就像是俄罗斯伟大的科学家罗蒙诺索夫和门捷列夫。把费尔斯曼和这两位科学家相提并论，是有一定道理的。"

谢尔巴科夫院士

INTERESTING GEOCHEMISTRY 引言

几年前，我出版了《趣味矿物学》，收到了学生、工人、各科专家的不少来信。在这些信中，我看出他们是那么热爱岩石，那么想要探索关于岩石的历史。在孩子们的来信中，体现了他们的热情、勇敢、朝气，我被这些信深深地感动了，所以我决定给青年们再写一本书。

近几年，我投入到另一个领域里，这个领域抽象得多，但这是一个奇妙的世界，被无限小的粒子占据的世界，这些小粒子组成了整个自然界和人类本身。

近20年，我参加了一个崭新的科学工作，我们称之为地球化学。我们不是在舒服的房间里写写画画，就创造了这门科学，而是经过无数次的观察和实验才产生的。我们对生命和自然有了新的认识，这样就产生了地球化学。每当我把这门新的科学写完一章的时候，就觉得非常有成就感。

那么，地球科学讲的是什么呢，它是一门怎样的科学呢？为什么不是叫化学，而是地球化学呢？还有，地球化学为什么是地球学家、矿物学家、结晶学家来写，而不是化学家呢？

对于这个问题，即使读完了本书的第一章，读者也无法找到答案。虽然第一章的内容很多，但非常简明扼要。只有读完了这本书，才能全面地了解地球化学这门新的科学，也才会找到上述问题的答案。

那时，就会恍然大悟："哦，原来地球化学是这么有趣的科学，但很难啊！我对化学、矿物学、地质学都了解得很少，怎么能完全理解地球化学呢！"

可是，我们有必要了解地球化学，因为将来它会有巨大的意义。在未来，它将会和物理学、化学一起促进自然资源的发现和利用，对人类的发展和进步产生深远的影响。

下面，我就这本书的读法向读者提供几点意见。通常，我们很少去谈论读什么，而是去讨论怎样读，怎样研究这本书，怎样从书中吸取更多的知识。有一类书需要埋头去读，里面的故事非常有趣，深深地吸引了你，不读完你是不会放手的。例如，趣味冒险小说就是这样读。另一类书则需要仔细研究，书中讲的是一门科学，或者是个别科学问题。这类书阐述科学资料，描写自然现象，作出科学结论。读这种书的时候，要一句一句认真读，一个字也不能跳过。

这本书不是趣味小说，也不是科学论文，而是根据特别的计划写成的。本书共分为四章，从物理学和化学的一般问题，慢慢转化到地球化学的问题，以及关于地球化学的未来问题。如果读者没有物理学和化学的基础，就应该仔细地读，遇到困难的部分，还要多读几遍，或者查阅一下相关的资料。如果读者有着较深的物理学和化学的基础，就可以把知道的内容跳过去。作者尽力把每一章都写得独立完整，不和其他的章节相依附。另外，这本书可以增加读者化学方面和地质学方面的知识。

当学生学习普通化学的时候，可以选读本书中的一些知识，会有很大的帮助，因为每一章都有阐述化学知识的内容。

学生学习非金属的知识时，可以读一下这本书中关于磷和硫的知识；学习黑色金属时，可以读一下铁和钒的内容。

研究地质学的时候，可以参考本书中关于地壳元素的分布情况，主要是"自然界里的原子史"这一章。

对于研究化学的人而言，我在本书中讲到的化学元素并不多，只详细描写了15种元素。不过，我从来就没有想过把宇宙间、地壳中、地球表面和人们使用的全部元素都描述出来。

我想说的只是最普通、最有用的元素，这些元素存在于我们的周围，虽然不显著，却是不可缺少的。按照我的这种写法，任何一种元素都可以写成很长的篇幅。读者可以根据自己的意愿，找一种本书没有描述的元素，试着写一下它的历史。在我看来，这是一件非常有意义，而且切实可行的事情。如果谁对金属铬有兴趣，可以写一下铬的命运、铬矿床、铬在工业上的应用，这将会是非常有趣的篇章，还可以讲述一下铬原子和铁组原子的关系。

我希望读过本书又对自然界感兴趣的读者，努力去完成这项任务，在我的研究基础上，去研究地球上其他重要的元素。

目录

一、原子

1.1 什么是地球化学　　　　　　　001
1.2 化学元素和原子　　　　　　　004
1.3 我们身边的原子　　　　　　　009
1.4 宇宙中原子的诞生和演变　　　014
1.5 门捷列夫定律　　　　　　　　019
1.6 现在的门捷列夫元素周期表　　023
1.7 地球化学上的门捷列夫元素周期表　028
1.8 原子的分裂现象——铀和镭　　032
1.9 原子和时间　　　　　　　　　041

二、自然界中的化学元素

2.1 组成地壳的主要物质——硅　　046
2.2 生命的基础——碳　　　　　　052
2.3 思想的源泉——磷　　　　　　062
2.4 化学动力——硫　　　　　　　067
2.5 坚固的体现——钙　　　　　　073
2.6 植物的生命元素——钾　　　　078
2.7 铁的作用和铁器时代　　　　　083
2.8 制造红色烟火的物质——锶　　088
2.9 涂在罐头上的物质——锡　　　094
2.10 无处不在的元素——碘　　　　099
2.11 能够腐蚀一切的元素——氟　　102

2.12 20世纪的重要金属——铝　　　　109
2.13 将来的金属——铍　　　　　　　114
2.14 汽车离不开的物质——钒　　　　118
2.15 金属中的王者——金　　　　　　122
2.16 稀有的分散元素　　　　　　　　129

三、自然界中的原子史

3.1 太空使者——陨石　　　　　　　135
3.2 位于地下深处的元素　　　　　　147
3.3 地球上的原子史　　　　　　　　152
3.4 空气中的各种原子　　　　　　　162
3.5 水中的各种原子　　　　　　　　166
3.6 地球表面的各种原子　　　　　　172
3.7 活细胞中的各种原子　　　　　　176
3.8 人类史上的各种原子　　　　　　180
3.9 战争中的各种原子　　　　　　　189

四、地球化学的过去和将来

4.1 地球化学的思想断片　　　　　　195
4.2 化学元素和矿物的命名　　　　　210
4.3 现在的化学和地球化学　　　　　214
4.4 在化学元素周期表上旅行　　　　219
4.5 结尾　　　　　　　　　　　　　225

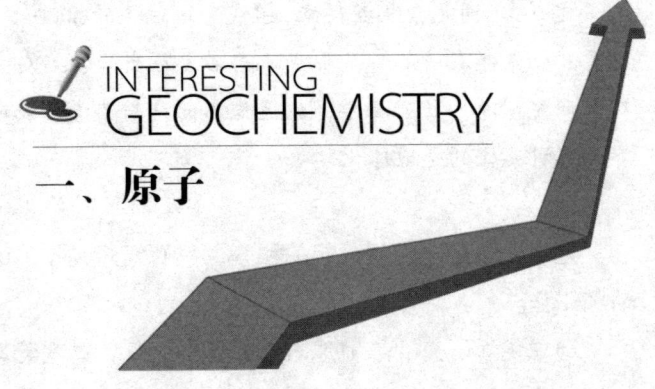

一、原子

1.1 什么是地球化学

在阅读这本书之前，我们要弄懂一个问题，那就是什么是地球化学？

我们都知道地质学这门科学，它讲述的是地壳的组成，地球的历史，山脉、河流、海洋的形成，以及海底的淤泥和沙粒。

我们也知道矿物学，它是一门研究各种矿物的科学。

在《趣味矿物学》中，我说过：

矿物是化学元素的天然化合物，是在大自然中形成的，这里面没有人的作用。矿物是一种特殊的建筑物，是由几种不同类型的小砖建造成的，这些小砖不是胡乱堆砌在一起的，而是按照某种规律排列的。我们知道，用相同种类的砖，只要数量不同，建造的房子就不同。即使种类和数量都相同，也可以建造不同的房子。因此，同一种矿物在自然界中的样子也是多种多样的，尽管它们是同一种化合物。

经过计算可以得知，特殊的小砖将近100种，它们组成了我们周围的自然界。

在这100种元素里，不仅有氧、氮、氢等气体，还有钠、镁、铁等金属，以及硅、氯、溴等物质。

不同种类和不同数量的元素组成在一起，就形成了各种矿物。例如，氯和钠组合成食盐，硅和两份氧组合成硅石或者石英，等等。

这样，不同元素相互搭配，组成了地球上的3000多种矿物（石英、盐、长石等），这些矿物聚集在一起，就形成了岩石（花岗岩、石灰岩、玄武岩、砂岩等）。

研究矿物的是矿物学，叙述岩石的是岩石学，而研究各种元素及它们在自然界的各种变化的是地球化学……

地球化学是一门新兴起的科学，只有短短几年的时间，主要归功于科学家的研究工作。

地球化学研究的是地球内部的各种元素，这些元素组成了自然界，它们按照一定的顺序排列，就构成了著名的门捷列夫元素周期表。

地球化学的研究基础是，各种化学元素和它们的原子。

门捷列夫元素周期表的每一个方格中有一种元素——一种原子，每个方格还有一个次序号码——原子序数。例如，第1号是最轻的氢元素，第92号是铀元素，铀的重量是氢的238倍。

原子非常小，如果它们是球形的，那么，原子的直径是一千万分之一毫米。但是，原子不同于坚实的球体，它有着复杂的结构，内部有一个原子核，原子核周围是电子，电子是一种带电的小颗粒，围绕着原子核快速旋转，电子的数量是由原子的种类决定的。

仅仅从结构上来说，原子就像是一个用显微镜才看得见的太阳系：中心是一个太阳——原子核，围绕太阳的是旋转的行星——电子。

由于不同元素的原子有着不同个数的电子，从而导致了不同的化学性质。原子交换电子后，就形成了分子。

在门捷列夫元素周期表中，同一组的元素排列在一起，在自然界中，这些元素通常也是在一起的。

门捷列夫元素周期表的伟大之处在于，它不仅仅是一个理论图表，更重要的是反映了自然界各种元素之间的关系，这种关系决定了元素之间的异同，也决定了元素在地球上的迁移过程。总之，门捷列夫元素周期表也是地球化学表，这个表就是一个指针，为地球化学家指明了勘探的方向。

哪里运用门捷列夫元素周期表去分析自然状况，哪里就会出现新的局面，产生新的思想。

那么，地球化学到底是什么呢？吸引了众多青年的它讲述的又是什么呢？

其实，地球化学研究的是地球内部的化学变化。

在自然界中，作为独立单位的化学元素，不停地移动、化合，也就是所谓的地壳迁移。在不同的压力和温度下，不同深度的元素和矿物是如何进行反应的，根据的是什么规律，就是地球化学需要解决的问题。

有些化学元素（例如钪、铪）不会聚合，分散得很厉害，在岩石中的成分只有百亿分之一而已。

我们把这类元素叫做超分散元素，一般情况下不去开采这种元素，除非它们有特殊的作用。

按照我们的推断，在一立方米的任何岩石中，都包含了门捷列夫元素周期表中的全部元素，只要我们的方法够精密，就一定可以把这些元素找出来。要知道，在科学的发展史上，新的方法比新的学说更重要。

另外一些元素（例如铁、铅）恰好相反，它们在移动的过程中找到歇脚的地方，生成化合物，是自己聚集、保存下来，尽管地壳有着复杂的变化，这些元素仍然是高聚集状态，形成了巨大的矿物床，在工业上有着重要的应用。

地球化学不仅研究地球内部各种元素的分布和迁移规律，还研究苏联的某些地区（例如高加索、乌拉尔），各种元素的分布和移动情况，更好地制定勘探路线。

由此可知，地球化学的理论目标和实际生活非常接近，努力想根据一些原理来指明：什么地方有哪些元素；在什么条件下会出现某种元素；哪些元素喜欢聚集在一起，例如钒和钨、钡和钾；哪些元素喜欢彼此回避，例如碲和钽。

地球化学研究的是各种元素的动态，只有熟悉了元素的性质和特征，才能判断出这种动态。某种元素是喜欢和其他的元素化合呢，还是喜欢分离。

这样一来，地球化学家就变成了勘探者，需要指出在什么地方可以找到哪种矿石，还要说明原因。

只有彻底了解了各种元素的特征，才能够掌握它们的一举一动，甚至预测出未来的动态。

这就是地球化学的主要作用和实际价值，而且它离不开地质学和化学。

我不想用大量的例子和计算来折磨读者，也不希望你们一下子就接受地球化学的全部知识。只希望读者喜欢这门新的科学，在了解了这本书的内容后，知道这个年轻的科学有着重要的作用和光明的前途。

科学思想的发展和人们生活的各个方面一样，进步和真理不是一下子就能产生的，而是有一个过程，而且需要人们的进取心和毅力，相信自己的能力和判断力，相信自己一定能够成功。

空洞的思想和消极的思想不可能取得胜利，只有热情洋溢的积极思想、跟生活目标充分结合的思想，才能够获得最终的胜利。

在苏联，有着大片的土地供地球化学家研究和勘探。

不过，我们还需要研究，需要大量的事实，就像伟大的科学家巴甫洛夫说的："正如鸟的飞翔需要空气一样。"

鸟和飞机之所以能够在空中飞翔，空气自发的力量是一个方面，最主要的还是鸟和飞机本身向前的运动能力。

任何科学都是靠着这种能力前进的：把追求新事物的热情和创造性的工作结合起来，在已有的成就上追求新的事物。

所有的元素并没有都应用到苏联的工业上，我们还要不懈地努力工作，让门捷列夫元素周期表中的全部元素都能为人们服务。

1.2 化学元素和原子

读者们，跟着我走吧，我要带领你们进入一个平时见不到的极小的世界中去，这是一个能够缩小、放大的特殊实验室。进去后我们会发现，已经有人在里面等着我们了：这个人的年纪不是太大，穿着工作服，看起来就像是一个普通人，但他是杰出的发明家。我们听到他说：

"让我们走进一间小屋子里去，这是用特殊材料建造的屋子，一切射线都能够通过，连宇宙间最短的射线也不例外。把手往右旋转后，我们的身体开始缩小，每四分钟会缩小千分之一，缩小的过程中身体会不舒服。在小屋里四分钟后我们走出去，周围的世界就像是透过显微镜看得那么清楚。然后，我们再回到小屋里待四分钟，把身体再缩小千分之一。"

于是，我们再次转动把手……

当我们的身体缩小到像蚂蚁一样大小时，我们的听觉也发生了变化，因为我们的听觉器官失去了调节空气声波的作用，我们听到的是嘈杂、喧嚷、噼啪、沙沙的声音。不过，我们的视觉还在起作用，因为自然界中 X 射线的波长是普通射线波长的千分之一。在 X 射线里，所有的物体都出乎我们的意料：大部分的物体是透明的；金属有着鲜艳的色彩，就像是有色玻璃那样；玻璃、树脂、琥珀却是黑色的，看上去好像是金属。

我们可以看见植物的细胞，细胞里面是液汁和淀粉颗粒，我们的手指可以伸到叶子的呼吸孔里去；一点血液里有许多血球，大小像铜元那样；结核菌像没有头的弯钉子；霍乱菌就像一颗小豆，拖着一条尾巴快速地游动。不过，我们看不见分子，只能看见墙壁在颤动，风吹着我们的脸颊有些痛，就像是风扬起的尘土向我们迎面吹来，这种情况告诉我们，已经快到物质分割的界限了……

我们又回到小屋前，再次转动把手。所有的东西都变得昏昏暗暗的，屋子也在颤动，好像是地震来了。

我们恢复知觉后，小屋还在颤动，周围狂风怒吼，还夹杂着雹子：像豌豆似的不知名的物体不停地打在我们的身上，又像是无数的机关枪向我们射击……

这时，向导员说道：

我们现在不能出去，因为我们的身体已经缩小到百万分之一了，身体的长度要用千分之一毫米来衡量，也就是微米，而且只有半微米而已。

现在，我们头发的直径是一亿分之一厘米，可以用"埃"这个单位来表示，这是测量分子和原子的单位。空气中各种气体的分子直径大约是一埃，这些分子的运动速度非常快，不断地撞击我们的小屋。

刚才我们在屋外时，觉得空气像沙子一样打在我们的脸上，其实，那是个别分子对我们的作用。现在，我们变得更小了，分子的运动对我们的威胁更大了，浑身都在遭受沙粒的击打。

我们向窗外看去，可以看见直径一微米的灰尘，也就是说，灰尘比屋内的我们还要大。由于受到分子的不断撞击，灰尘向四周跳动得很厉害。不过，我们还是看不见分子，因为分子运动得太快了。可是，我们应该出去了，因为我们是处于非常短的射线里观看灰尘的运动的，但这种射线对我们眼睛是有害的。

向导员说完后，转动门把，我们走出了小屋。

当然，上面的所见所闻是我们想象出来的，但和实际的情况相差不大。

这个实验告诉我们，分析化合物会得出单质的结果，这时不管我们怎么做，都不能用化学方法把这些单质分解成更简单的部分。

那些无法再分的单质，构成了自然界的全部物质，我们把这些单质叫做元素。

人们随时都在和自然界中的物质相互接触，这些物质有死的和活的，也有固体、液体、气体，这样，人们就可以得出物质的概念。某种物质有着怎么样的性质，构造是什么样的？这是每一个研究自然的人都需要解决的问题。

我们由知觉得知，物质的构造是连续不断的，但我们的感官欺骗了我们。通过显微镜可以观察到，物质的内部有着许多肉眼看不见的空隙，并不是我们所想象的紧紧连在一起。

其实，即使那些看起来不会有空隙的物质，例如，水、酒精等液体，或者是气体这类的物质，它们的微粒之间也是有间隔的，这也解释了：为什么增加压力它们会缩小，受热会膨胀起来。

所有的物质都是颗粒状的，有的粒子是原子，有的粒子是分子。通过实验得知，液体水中的分子只占了全部体积的三分之一或者四分之一，其余的都是空隙。

我们知道，原子和原子相互接近的时候，会产生排斥的力量，所以原子不能没有空隙地挨在一起。每一个原子周围都有一定的空隙，是其他的原子不能进入的范围，我们把原子和它周围的范围看成是一个球体。每种元素都有这种不可侵犯的范围，而且大小不同，我们用单位埃来表示这种范围的半径。例如，范围比较小的是碳和硅，它们的半径分别是 0.19 埃和 0.39 埃；范围中等的是铁和钙，半径分别是 0.83 埃和 1.06 埃；范围比较大的是氧，它的半径是 1.40 埃。在下图中，我们按照元素范围的大小，画成不同的圆球。

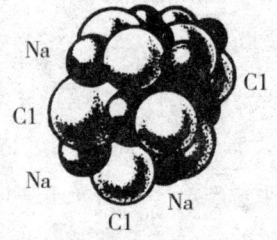

食盐（NaCl）的结构模型

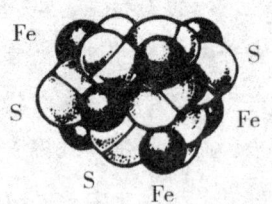

黄铁矿（FeS_2）的结构模型

我们把许多球体放到一个盒子里，球体胡乱滚开要比整齐排列占的体积大。把物体堆积起来的方法多种多样，占的体积最小的是最紧堆聚法。这一点不难做到，我们举例来说明：把几十个小钢珠放到一个碟子里，轻轻地敲一下碟子，由于所有的钢珠都要往中心滚，所以它们紧紧地挨在一起，排成许多行，球心的连线呈60°角。从碟子外面看，钢珠排成的是正六角形，这就是大小相同的球体的最紧堆聚法。

铜、金等好多金属的原子，就是这样排列在一起的。

如果球体的大小不同，例如，两种球体相差不太大，比较大的球体聚在一起，比较小的球体分布在大的球体的空隙里（食盐就是这样排列的）。

可见，在食盐 NaCl 中，每个钠原子都被六个比较大的氯原子包围着，同样，每个氯原子的周围也有六个钠原子。这种情况下，钠和氯之间的吸引力最大。

就是这样，我们周围的一切物体都是由一个个的小粒子组成的，就像是用砖盖房子一样。

远古时代就有了关于原子的思想，在公元前600～公元前400年，希腊的唯物哲学家留基伯和德谟克利特就提出了"原子"（希腊文的原意是"不可分的"）的概念。19世纪创立的原子概念是，形成单质的游离的化学元素，也就是同一种原子的总和，这样原子是不能再分的，至少在保持原子特性的情况下是不能再分了。

同一种化学元素的原子有着相同的结构，它们的原子量相同。

20世纪初期，科学家发现了92种元素，也就是说，有92种不同的原子。到现在为止，已经从天然产物中找到了其中的90种元素，并且分离了出来。可是，我们并不否认另外两种元素的存在。我们所知道的自然界中的一切物体，都是由这92种原子组成的。

后来，我们知道了最重的元素是铀，它是92号原子。

近几年，研究铀族元素的时候，发现了比铀更重的超铀元素，那就是：第93号元素镎，第94号元素钚，第95号元素镅，第96号元素锔，第97号元素锫，第98号元素锎，第99号元素锿，第100号元素镄。还有更重的元素，这并不是奇怪的事情。但是，这些元素都不稳定，而且非常少见，所以我们研究地球内部的组成时，可以认为所有的物质都是由92种元素构成的，这样相差不会太大。

同一种原子或者不同的原子，两个或者多个结合在一起，就会成为分子。

一、原子

原子和分子结合起来，就组成了自然界中的各种物质。由于原子和分子的体积特别小，所以它们的数目是非常惊人的。例如，18克水里含有的水分子的个数是 6.02×10^{23}。

这是一个非常大的数字，从地球上有植物开始，所有的黑麦和小麦加起来，数目也只是这个数字的几千几万分之一。

为了让读者对分子的大小有一个形象的认识，我们把它和最小的生物细菌作一个比较，细菌放大 1 000 倍后才能够看得见，最小的细菌只有万分之二毫米。然而，它还是比水分子大了 1 000 倍，也就是说，最小的细菌也是由 20 多亿个原子组成的，这个数目堪比全世界的人口了。

把三滴水里的分子逐一排列起来，大约是地球到太阳距离的三倍，这个长度是 940 000 000 千米。

开始时，人们认为原子是最小的粒子，是不能再分的。后来，随着研究技术的进步，发现原子本身有着复杂的结构。当人们接触到元素的放射现象，开始研究放射现象的时候，才认清了原子的本质。

原子的中心是原子核，直径只有原子直径的十万分之一，而且原子的质量几乎全部集中在原子核上。原子核带着正电荷，元素越重，带的正电荷数也越多。原子核周围是高速旋转的电子，电子的个数等于原子核带着正电荷的个数，所以整个原子是电中性的。

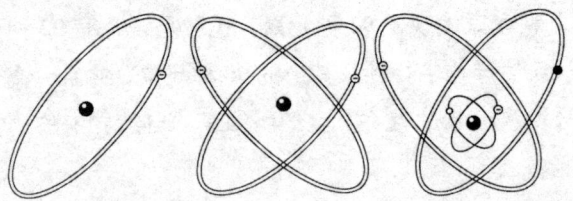

氢、氦、铍的原子结构，中间是原子核，周围是高速旋转的电子

所有原子的原子核都含有两种最简单的粒子：质子和中子，中子的质量和质子相似，它不带任何电荷。在原子核内，质子和中子相互结合得非常紧密，无论什么样的化学反应和普通的物理变化，原子核始终不变，状态非常稳定。

氦的原子核是特别稳定的，里面有两个质子和两个中子。在重元素的原子里，好像就含有氦原子核，重元素放射蜕变的时候会射出 α 粒子。

原子的电子层的结构和性质决定了元素的化学性质，而原子核的结构没有什么影响。因此，只要原子外层的电子数量相同，即使原子核的结构和质量不相同，这些原子还是具有相似的化学性质，属于同一个族。例如，氯、溴、碘就是同一族的原子，还有其他的类似情况。

右图是氢和钠的原子结构模型，从图中可以看出，原子的数量越多，电子的轨道也越复杂。

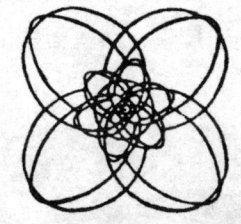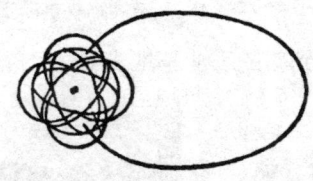

氢和钠的原子模型

1.3 我们身边的原子

我们来看一下三幅漂亮的图片。

塔什库山顶湖

第一幅图是山顶湖上的美丽风光，湖水是蓝色的，周围是山崖断壁，还有墨

冶金工厂

绿色的树林,在阳光的照耀下,这一切是那么美丽。

第二幅图是冶金工厂,总是轰隆隆地响着,被烟和雾气笼罩着,不断冒出红色的火焰。这不仅是苏联高超技术的体现,更是苏联人们的骄傲:一列列的火车把矿石、煤、溶剂、砖头运到工厂里,从里面拉出无数的钢轨、钢块、钢材,运到新的工业基地去。

"吉斯110"型轻便汽车

第三幅图是漂亮的"吉斯110"汽车,是由莫斯科斯大林工厂生产制造的,深绿色的喷漆闪闪发光,140马力的发动机轰隆隆地工作着,无线电收音机播放着优美的音乐。这辆汽车一共有3 000多个零件,行驶个几十万千米绝对不成问题。

看完上面的三幅图,大家有什么样的感受呢?对图中的哪些地方感兴趣,又有什么样的问题呢?

由于我们生长在技术改革的工业时代,大家感兴趣的可能是机器产生的力量,而力量又制造了机器。

不过,我们要说不是这些,而是另一回事。请大家换一个角度来看这三幅图,我们仔细地分析一下。

看见第一幅图,地质学家会说:"这湖中藏着多少地质学问题啊!这个大坑是怎么形成的呢?又是什么力量把湖水拦截在断崖当中呢?要知道,从山顶到湖底的深度是两三千米,岩石上的褶皱是怎么出现的呢?"

矿物学家会说:"组成断崖和山岭的石灰石是多么奇妙啊!经过几万年甚至是几十万年,海底的淤泥、贝壳、甲壳才能堆积成冲积物,然后再经过压缩,最后终于形成了结实的石灰石。拿着放大十倍的矿物放大镜，勉强可以看见构成岩石的方解石晶体，每一个都在闪闪发光。"

工业化学家会说："这里是石灰石多么洁白啊！你们知道吗，这是制造水泥和煅烧石灰的最好的原料，它几乎是纯粹的碳酸钙，是由钙原子、氧原子、二氧化碳化合而成的。当把石灰石放到弱酸里的时候，里面的钙溶解了，二氧化碳跑到空气中不见了。"

地球化学家说："我们还可以做更精密的实验。通过分光镜检测后得知，石灰石中还有其他的原子：锶、钡、铝、硅。如果分析得再精密一些，测量出含量在一亿分之一以下的稀少原子，还可以发现锌原子和铅原子。不过，你不要认为石灰石是由这几种原子组成的。有经验的化学家计算得出，即使是最纯粹的大理石，也是由35种原子组成的。现在，我们甚至可以这样认为：一立方米的任何石块，不管是花岗石、玄武石，还是石灰石、黏土，在它里面可以找出门捷列夫元素周期表中的所有元素，只是有的元素含量高，有的含量低而已，某些元素的含量只有钙或者碳的$\frac{1}{10^{18}}$。"

通过地质学家、矿物学家、化学家、地球化学家的解说，我们才明白，原来这里面有这么多的学问。石灰石组成的断崖也是这么神秘，好像钻到岩石深处去探索它的本质、起源和变化。

我们再来看一下第二幅图，建筑的规模多么大，样式如此新奇，多么吸引人啊！高炉像是一座巨大的塔，里面装满了矿石、焦炭、石块；粗大的管子伸到炉子里，传送压缩过的热空气。炉子里面的铁在熔化，焦炭在燃烧，一团团发着红光的热气喷涌出来，这是怎么回事呢？进行的这一切又有什么意义呢？

如果我告诉大家这就是原子实验所，你们一定觉得很奇怪：矿石中的氧原子紧紧地抓住了比它小很多的铁原子，不让铁原子聚集在一起，……铁矿石和铁的性质完全不同，尽管铁矿石的含铁量高达70%。因此，为了得到纯的铁，我们必须把铁矿石中的氧原子赶出去，这件事说起来容易，做起来就难了。

大家知道阿辽努什卡的故事吗？她要从一堆谷粒中拣出所有的沙子，为了完成这项艰难的任务，她请蚂蚁朋友帮忙，最后由蚂蚁完成了这个任务。大家知道，沙粒的直径是氧原子直径的一百万倍，拣沙子都这么困难，更何况是氧原子呢！是的，这的确是一个难以解决的问题，需要花费好多的时间和精力。

不过，这个难题还是解决了。

在这里，我们不需要蚂蚁的帮忙，但需要其他原子的帮忙。把人和自然的力量结合起来，充分利用火和风的能力，利用这些原子把氧原子赶出去，让它们随着热空气消失在火炉里。

那么，是什么原子赶走了氧原子呢？答案是碳原子和硅原子。它们紧紧地抓住氧原子，一起构成结实的"建筑物"。而且，碳原子和硅原子团结合作、互帮互助。碳燃烧的时候，抢走了氧，同时产生很高的温度；可是，仅仅靠碳是不行的，因为铁的硬度很大，不容易熔化，也不容易流动，所以碳原子无法钻到矿石里面去。这时，硅原子就来帮忙了，它变成容易熔化的矿渣，让矿石熔化，然后把氧原子抢过来交给碳。这时，一部分的碳会溶解在铁里，使铁变得容易流动、熔化。

当然，这个过程中离不开火的帮助，它使炉子里的所有物质都活动起来，轻的往上走，重的往下沉，奇迹就出现了：氧原子和铁原子分家了，铁和溶解到里面的碳一起沉到炉子的底部，比较轻的矿渣带走了全部的氧，漂浮在铁的上面，最后从指定的地方出去……

只要积累足够多的知识，摸清楚原子的性质和特征，就可以按照人们的意愿，把不同的原子分开，得到想要的物质。

我们再来看第三幅图，这是苏联制造的"吉斯110"汽车。它是由许多零件组成的，也是由几十种原子组成的，我们的目的是制造一辆不怕苦、不怕累、跑得很快的汽车。

这辆汽车是由3 000多个零件组成的，65种原子、100多种金属和合金组成了这些零件。它用的铁不是普通的铁，而是铁和4%的碳的合金，这种合金叫做铸铁，发动机也是用它制造的。这种铁是特殊的，性质可以千变万化。如果铁中含碳量比较少，就成了坚硬无比的钢。还有一种铁，除了铁原子，里面还有锰、镍、钴、钼四种原子，这也是一种钢，不但坚韧，还很有弹性，可以随意敲打。铁里面加上钒，就成了柔软的钢，弹簧就是用它制成的。

在汽车的构造上，占第二位的是铝，活塞、把手、车身、车顶、踏板都可以用铝制造，或者是铅、铜、硅、锌、镁等合金制造。

此外，活塞里用的瓷，不怕风吹雨打的喷漆，电线里的铜，蓄电池里的铅和硫……总之一句话，哪一件东西不是由原子组成的，这些原子经过组合，变成了各种物质,来为汽车工业服务。

需要强调的是,在这里人们违反了自然界的变化规律,强迫自然界顺着人们的意愿变化。就拿铝来说吧,难道它天生就是游离的吗?绝对不是!如果不是人的干预,即使经过几十亿年的时间,自然界也不会出现游离的铝。

当人们了解了原子的特性后,就可以利用这些知识来组合、移动原子,让它们为我们的生活服务。地球上有很多轻元素;地壳中氧、硅、铝、铁、钙这五种元素的含量占了 90.03%,钠、钾、镁、氢、钛、碳、氯这七种元素占了 9.26%,其余的 80 种元素的含量只有 0.7%。不过,人们并不满足于常见的元素,大家还在寻找少见的元素,有时候需要克服许多困难,才能够从地下取出这些元素,然后研究它们的性质,以便在必要的时候使用。在制造汽车的过程中,就用到了镍、钴、钼、铂这些稀有金属,镍在地壳中的含量是万分之二,钴是十万分之一,钼不到十万分之一,铂只有一千亿分之十二。

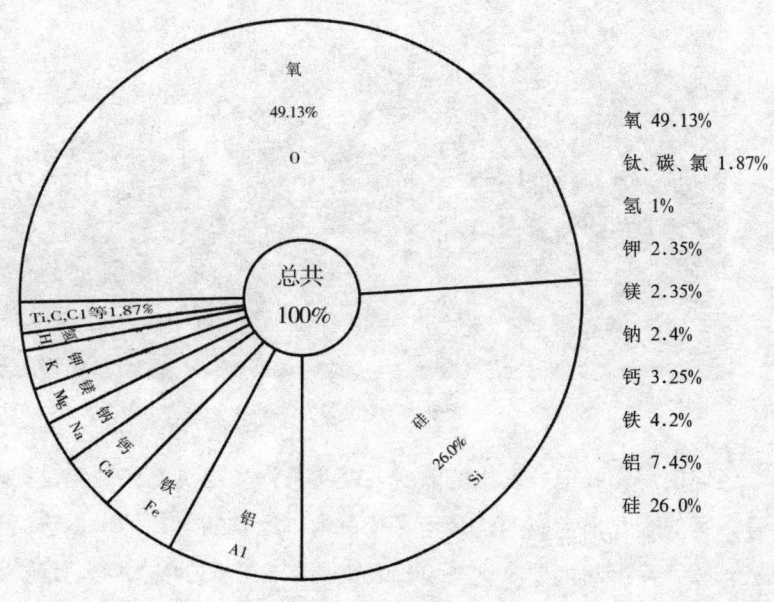

地壳(16千米深)中各种元素含量(质量)的比例

自然界中到处是原子,而人类就是这些原子的主人,人们把它们捡起来,没有用的扔掉,有用的经过化合后为生活服务。如果没有人类的推波助澜,这些元素怎么也不会凑在一起。如果塔什克山顶湖体现的是自然的力量,那么,冶金工厂和汽车所代表的工业,赞扬的就是人类的能力,歌颂的是劳动人民的智慧和勤劳。

1.4 宇宙中原子的诞生和演变

我想起克里木美丽的夜景,自然界仿佛沉睡了,海水平静无波,没有什么能够打破这份安静。就连天空中的星星也不再眨眼睛,只是发出淡淡的光芒。周围鸦雀无声,那是无止境的沉寂,好像整个世界都停止了运动。

可是,这幅景象那么虚无缥缈,好像不应该存在于自然界中一样。

克里木的阿卢普卡海岸夜景

当你使用无线电收音机的时候,就会有许多电磁波穿越全世界,它们的波长不等,有的是几米,有的是几十、几百米,还有的是几千米,它们升到高空的臭氧层,然后又折回地面。这些波相互交叠着,它们的振动我们是听不见的,却充满全世界。

天空中的星星看起来静止不动,其实,它们也在飞快地运动着,每秒钟能走几百、几千千米,速度快得惊人。在这些星星里面,太阳是中心天体,其他的天体围绕着它在银河系中运行;有的星星运行的速度更大,形成巨大的星云;在人

们不知道的空间里，还存在许多星星。

我们知道，太阳的温度非常高，所以它周围的物体会变成蒸气，蒸气以每秒钟几千千米的速度向上冲，几分钟内就形成了非常高的大气流，这就是太阳周围日冕中闪烁着的日珥。

在距离我们非常遥远的星体的内部，也有类似的现象发生。那里的温度高达几千万摄氏度，小粒子分开了，就连原子核也破裂了，里面的电子跑到星体的上空，形成了电磁波，然后，电磁波运行千百万甚至是几十亿千米的距离，来到我们的地球上，打乱了地球大气的平静。

整个宇宙都在不停地运动，处于动荡不安的状态，大约是公元前 100 年的时候，伟大的学者卢克莱修说过：

> 那些原始的天体，
> 在辽阔的空间中运动着，
> 永远没有安息的时候。
> 相反，它们要相互追逐，
> 彼此碰撞后有一部分飞到不远的地方，
> 另一部分则落在比较远的地方。

我们的地球看起来像是静止不动的，其实，它也是活的，表面上有着无数的生命。每一立方厘米的土壤里，都有千百万个细菌。通过显微镜，我们可以发现更小的微生物，那就是不断运动着的过滤性病毒。于是，有了这样的疑问，过滤性病毒是生物呢，还是无生物界的分子？

在海水中，分子也在不停地运动，根据科学分析得知，海水分子的运动路线很复杂，每分钟可以运行几千米。

空气和大地之间也在交换着原子，氢原子从地下深处运动到空气中，它的运动速度很快，克服了地球引力，飞到太空中。

氧原子从空气中钻到有机体内；二氧化碳被植物分解后变成碳原子，从而不断地循环；地心深处的岩石熔化成岩浆后，喷洒到地面上。

我们面前有一块透明的晶体，它坚硬无比，静静地躺在那里，好像晶体里面

有无数的小格子,原子就被固定在这些小格子里,一动也不动。其实,这只是我们的想象,原子在不停地运动着,不断地交换电子,那些电子一会儿离开,一会儿又回来,沿着复杂的轨道运动着。

我们周围的一切都在运动。我们的科学越发达,越能够了解自然、利用自然,越能够清楚地剖析自然界中物质的运动情况。现代的科学技术可以测量出几百万分之一秒的运动,利用 X 射线可以量出几百万分之一厘米的长度,这种精确度是难以想象的,还可以把自然界中的物质放大 20 万~50 万倍,使我们能够看见单质和滤过性病毒。这些都表明,这个世界已经不再是平静的世界,而是一个各种运动交织在一起,不断寻求平衡的世界。古希腊还没有兴盛的时候,小亚细亚的岛上出现了一位著名的哲学家,他就是赫拉克利特。他是一个有先见之明的人,早已看透了宇宙,他曾经说过一句话,后来的赫尔岑把这句话称为人类史上最正确的至理名言。

赫拉克利特说:"一切都是流动的。"他用运动的思想来看待这个世界,这种思想也是推动人类进步的关键。根据这一思想,卢克莱修创立了关于万物本质和世界历史的哲学原理;俄罗斯的科学家罗蒙诺索夫创立了他的物理学,他认为自然界中的每一个点都具备三种运动:前进、旋转、摆动。现在,科学的成就已经证明了这一思想的正确性,所以我们要用动态的眼光来看待这个世界,以及物质的运动规律。

在我们看来,原子的分布规律就是不同方向、不同速度、不同规模的运动规律,这些运动决定了我们的世界,决定了原子的形形色色。下面,我们要用新的方法去解释我们周围的世界。

我们能够观察到的宇宙空间是非常大的,不能够用千米去衡量,因为这个单位实在太小了。例如,地球到太阳的距离是 15000 万千米,虽然光的速度非常快,每秒钟可以绕地球七周半,但要走完这个距离也需要 $8\frac{1}{3}$ 分钟,就算用地球到太阳的距离做单位还是太小。因此,科学家想出了一个比较大的单位,那就是"光年",也就是光在一年的时间里走过的距离。使用最好的望远镜可以看见许多星体,它们发出的光要经过千百万年才能够照射到地球上……其实,宇宙的空间是无限的,我们之所以不能够随心所欲地观察,是因为我们望远镜的功能太弱……

在宇宙中,一团团的星际物质聚集起来,就形成了"星协",这样的星协大

概有一千亿个。每一个星协包括一千亿颗星星,每一颗星星含有1后面加上57个零这么多的质子和中子,这还不包括带着负电荷的电子。

宇宙空间中最多的是氢,好多星云是由氢组成的。氢原子一方面受到万有引力的作用,另一方面受到原子间特殊力的推动,不断地聚集起来,于是就形成了原子团,这就是星星,里面含有的原子数要用56位数来表示。不过,原子团和宇宙相比较,就显得微不足道了。我们知道,宇宙空间大部分是空的,每立方米只含有10～100个原子,那里的压力等于地球的标准大气压除以1后面加上27个零。我们由稀薄的宇宙空间想到密实的星体空间,星体深处的压力造成了这种密实,星体深处的压力是几十亿个大气压,再加上几千万甚至是几亿摄氏度的高温,那里就是大自然实验室,氢原子可以变成许多比较重的原子,氦原子就是其中之一。

有些星星发出非常亮的白光,例如天狼星的伴星,组成它的物质非常密实,这种物质的质量是相同体积的金和铂的1000倍。我们想象不出这是什么物质,会有什么样的性质。

一方面是稀疏的宇宙空间,单个原子在里面急速地运动,静止和运动的相互交织,使得这里的温度接近绝对零度;另一方面是密实的星体内部,那里有着千百万个大气压和千百万摄氏度的高温,原子克服了电子的排斥力,聚集在一起形成密实的物质,这样密实的物质在地球上是没有的。在这种条件下,化学元素便演变出来了,星体越大,它内部的压力越大,温度也越高,形成的化学元素就越重、越结实。

形成化学元素是突破宇宙混沌状态的首要环节,在高温和高压下,游离的质子和电子结合成了原子核。

就这样,出现了各种各样的化学元素,有的比较重,储存的能量就比较多;有的比较轻,只有几个质子和中子。这些比较轻的元素在星体周围流动,或者聚集成星云。另一些不活跃的元素就留在了星体表面。

强烈的放射作用会破坏原子的结构,产生一些新的结构:这种强大的力量破坏了原子核,导致有些元素分裂了,有些元素生成了,直到新的原子离开这种力量的范围。这时,各种原子的旅行史就开始了。有些原子(例如钙、钠)充盈在行星间,随意地在宇宙间飞行;另一些比较重的原子,性质比较稳定,聚集在星

云的某一部分里。当温度降低的时候，原子的电场会连在一起，形成一些化合物：碳化物、碳氢化合物、乙炔，以及地球上没有的物质。这些化合物是原子相互结合形成的最初的化合物，是天体物理学家在观察遥远的星体表面时发现的。慢慢地，这些游离的简单分子会形成比较整齐的系统。在温度比较低的时候，原子的结构不会遭到破坏，就进入了宇宙的第二个阶段——晶体。晶体就像是奇妙的建筑物，原子有规律地排列着，就像装在四方盒里的东西。晶体是物质突破混沌状态的第二步的产物，要形成一立方厘米的结晶物质，需要 1 后面加上 22 个零的原子相互结合。晶体也有自己的特征，不同于原子的特征，所以不能用原子核的规律去解释，而是要用化学规律去分析。

我不再继续描述下去了，只是想说明，我们对周围的世界了解得很少，世界是复杂的，同时也是运动着的，而不是表面上看起来的静止不动。其实，世界上的物质就是在运动的旋风中产生的，产生的物质就像是地球表面所体现出来的，我们在自然界中所见到的。前面我们说过，科学已经证实了很多问题，但在混沌中如何出现了原子，后来又形成了晶体，还有一些没有解决的问题。

早在 2000 多年前，罗马哲学家卢克莱修就描述出了这幅景象，这是多么神奇啊！我们来看一下他说过的话：

原始的时候是一片混沌和风暴，
这就是没有秩序的开端，
在混乱中交战开始了，
空隙、冲撞、吸引、结合和运动，
有着不同的样子和形状，
大的和小的相互碰撞后各奔东西，
它们之间的运动没有章法，
性质不同的分散开来，
性质相似的结合在一起，
这世界就慢慢地改变了，
不断地发展、合作、分工。

可知，自然界的一切都是变化的，虽然变化的速度有快有慢、各不相同。石头象征着稳固，但它也在发生变化，因为组成它的分子不停地运动。我们看石头好像是不变的，那是因为我们看不见它的变化，而这种变化要很长时间才能显示出来，比我们人类本身的变化要慢得多。

以前，总是认为原子是不可分的，也是永恒不变的。其实，原子也逃脱不了变化的命运，也要发生变化。有些原子具有放射性，它们变化得快，其余的变化得比较慢……现在，我们已经知道了原子也是演变而来的，它们在炙热的星体里生成、发展，最后也会消失不见。

那种运动和发展与人类对原子的了解过程一样：开始的时候，一切都是模糊、混乱的；然后，逐渐了解了原子的特征，知道这个世界是运动的；最后，对宇宙产生了系统的认识。这就是科学技术向人们揭示的世界。

1.5 门捷列夫定律

在圣彼得堡大学的化学实验室里，坐着一位著名的年轻教授，他就是门捷列夫。开始时，他在大学里讲述化学课程，一边给学生编讲义，一边想着用什么方法讲解化学定律和元素历史最合适。例如，讲到钠、镁、铝的时候，或者铁、锰、镍的时候，怎么样把它们联系起来，让学生容易接受呢？他已经感觉到，在某些原子之间有着还没有发现的联系。

他找来几张卡片，每一张卡片上用字母标出一种元素的名称，然后在写上它的原子量和重要的特征。然后，他把这些卡片排列起来，按照元素的性质分类。

在排列的过程中，门捷列夫发现了一种规律。按照原子量递增的次序把元素排成一排，除去个别的例外情况，元素的性质在一定的间隔后会重复出现。于是，他把性质重复的那些卡片放在第一排相应的下面，这样就出现了第二排，接着是第三排。

门捷列夫的画像（1878 年）

这样，就排好了 17 个元素，性质相似的上下对齐着。可是，也有一些性质不相似的，只好另外留一些位置。接着，又放了 17 张卡片，排出了后面几排。再往下就比较复杂了，好多元素不愿意乖乖排队，但性质重复出现这一点还是没有改变。

门捷列夫把自己知道的元素排列出来，组成了一张特殊的表，除了少数元素，大部分的元素是按照一定的规律排列的：横排的规律是原子量递增，纵排的规律是性质相似。

1869 年 3 月，门捷列夫把自己发现的规律写成了报告，交给了圣彼得堡的理

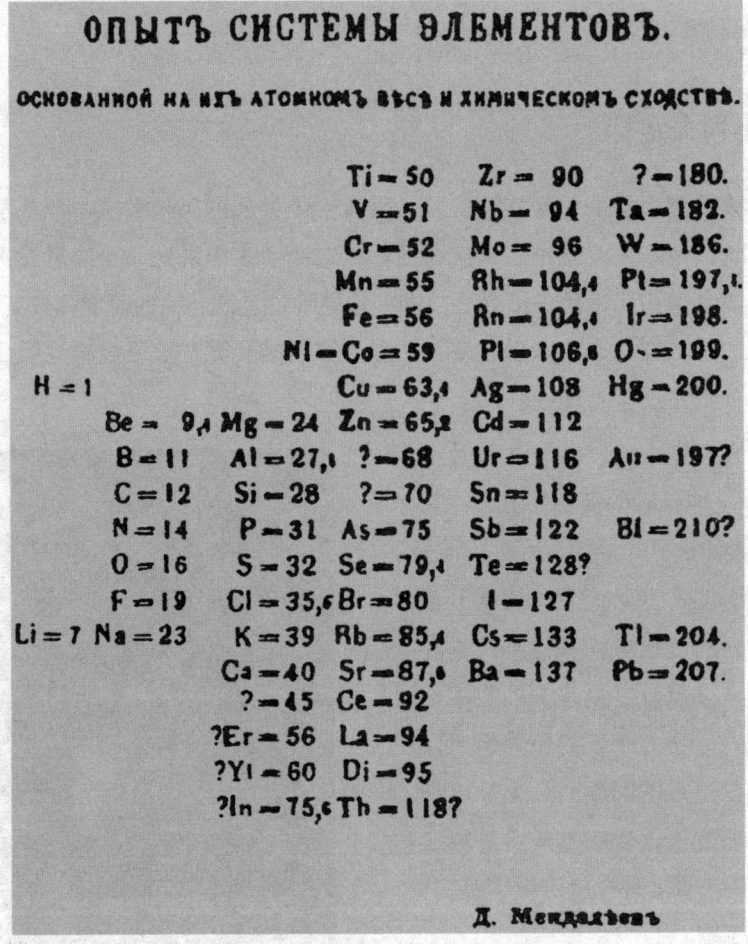

1869 年，门捷列夫最初的元素周期表

化学会。后来，他意识到这次发现的重大意义，便在这上面下苦工夫研究，希望把表修正得更精确。不久后，他得出一个结论，表中要留下空位。

"将来，一定会发现新的元素，来填充硅、硼、铝下面的空位。"门捷列夫这样解释。他的预言很快就被证实是正确的，镓、锗、钪填到了这三个空位中。

就这样，俄罗斯的化学家门捷列夫作出了化学史上最伟大的发现。大家不要认为这是一件非常简单的事情，拿着小卡片写一写，按照一定的顺序排列一下，这个发现就完成了。其实，这件事看起来简单，好像有一些运气在里面。事实却不是这样，要知道，当时发现的化学元素只有 62 种，原子量还不够精确，有些还是错误的，原子的性质也没有研究清楚。在这样情况下，只有深入研究每一种元素，摸清各种元素的异同，掌握它们的"旅行路线"，分辨出它们是"敌"是"友"，才能够取得这样的成就。

以前研究化学的人就遇到过这些问题，只是门捷列夫把它们结合起来，逐个解决了。

另外几位科学家也看出了元素之间的关系，虽然这种关系不是很清楚、明白。

不过，当时大部分的科学家认为，给元素找亲戚是一个荒谬的事情。例如，英国有一位化学家叫纽兰兹，曾经属于加里波利的军队，为争取意大利的自由作过战，他请求英国化学会发表一篇文章，讲的是随着原子量的增加元素的化学性质会重复出现，但这个请求被拒绝了。而且，另一个化学家嘲笑说，如果把化学元素按照名称的字母排列下来，纽兰兹也许会得到更好的结论。

然而，这毕竟是局部的发现。应该从全局出发，制定统一的计划，去发现自然界的定律，然后用事实去证明这个定律是普遍适用的，所有的元素都服从这个定律，还可以从这个定律中推敲元素的性质。

要完成这个艰巨的任务，就必须有天才的头脑，善于察觉矛盾的普遍性，还要用坚韧不拔的精神去研究事实。只有像门捷列夫那样的思想巨子，才能够完成这样的任务。

门捷列夫研究出了全部元素的相互关系，他看得那么透彻、清楚，任何人都不能推翻他的元素系统。他把元素有条理地整理出来，排成一个表格，虽然不是明确地说出元素之间的关系，但次序是那么显而易见，所以门捷列夫已经找到了自然界的规律——元素周期律。

门捷列夫用了40年的时间研究周期律，在化学实验室里破解了一个又一个秘密，不断向着更深奥的地方前进。

后来，他在自己领导的度量衡检定局里，用精密的方法研究了金属的性质，证明了周期律的准确性。

他还去乌拉尔考察，用了好几年的时间研究石油的特性和起源问题，再次证明了周期律的正确性。无论是在理论上，还是实际的工业上，周期律都起到了指南针的作用，帮助人们指明前进的方向。

门捷列夫临死前，修正了1869年的元素周期表，使它变得更完善了。后来的化学家沿着他铺好的路前进，有的发现了新的元素，有的找到了化合物，深深体会到了门捷列夫元素周期表的重要性。

现在，我们使用的门捷列夫元素周期表，是经过完善后的。

后来发现，门捷列夫元素周期表还可以指导研究原子光谱结构的规律。英国的物理学家莫斯莱在研究元素光谱的时候，按照门捷列夫元素周期表的顺序排列下去，在1913年发现了这个表的另一个规律，肯定了表中原子序数的重要性。

后来，莫塞莱发现原子核的电荷数等于这个原子的序数。例如，氢原子的序数是1，氦原子的序数是2，锌和铀分别是30和92。而且，原子核外面的电子数等于原子核所带的电荷数，这些电子绕着原子核快速旋转着。

任何一个原子，核外电子的数目一定等于原子序数。这些电子按照一定的顺序在核外排列成几层。离核最近的是第一层K层，氢原子是1个电子，其他的原子都是2个电子。第二层是L层，排满后是8个电子。第三层是M层，最多有18个电子。再下面是N层，最多有32个电子。

最外一层的电子数决定了原子的化学性质，如果这一层有8个电子，它就非常稳定。如果最外层只有一两个电子，那么，这一两个电子非常容易失去，这样原子就变成了带着正电荷的离子。例如，钠、钾、铷的最外层只有一个电子，它们很容易失去这个电子，变成带一个正电荷的离子，也就是一价正离子。这时，外面的第二层变成了最外层，这一层上有8个电子，所以生成的离子非常稳定，不会再发生变化。

钙、钡及其他的碱土金属的原子，最外层有两个电子，它们失去这两个电子后，就变成了二价正离子。溴、氯及其他的卤族原子，最外层是七个电子，它们不会失去这七个电子，而是从其他的原子外层夺取一个电子，使自己的最外层变成八个电子的稳定结构，本身成了带有负电荷的离子。

如果原子的最外层有3个、4个、5个电子，这些元素在化学变化中生成离子的趋势不太明显。

原子核的结构决定了元素的原子量和它在自然界中的分布情况，电子的个数则决定了原子的化学性质和光谱结构。如果某些元素的最外层的电子数相同，那么，这些元素的化学性质就相同。

当然，原子的秘密远远不止这些。自从研究原子开始，化学家、物理学家、地球化学家、天文学家、技术家、工艺家全都明白，门捷列夫周期律是自然界中最奇妙的规律之一。

1.6 现在的门捷列夫元素周期表

研究者想了不同的方法，希望把门捷列夫元素周期表的特征完全表现出来。

在不同的时期，人们把门捷列夫元素周期表画出了不同的样子：有的是纵横的条带，有的是平面上的螺旋，还有复杂交错的弧和线。

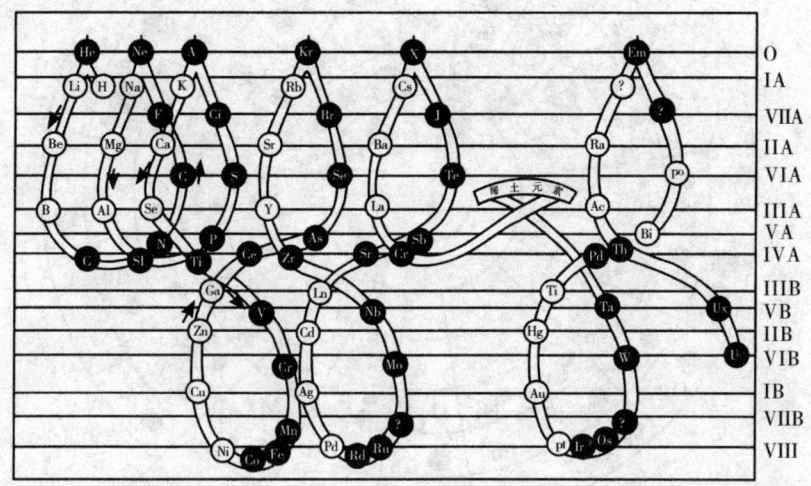

索第画出的门捷列夫元素周期表（1914年），同一横线上元素的性质相似，长周期画成8字形。白圈表示的是金属，黑圈是非金属，阴影是中性元素（惰性气体及能够生成两性氧化物的元素）

下面，我们来说一下现代科学的画法。

我们来看一下这张门捷列夫元素周期表，仔细研究一下。

首先，我们会看到许多方格，它们横着排成七排，竖着是18列，或者是化学家所说的18族。不过，化学课本中的表和这张表有些不同（把几个横列又分成了两列），而我们还是来分析一些本书中的这张表。

第一排有氢（H）和氦（He）两个元素；第二排和第三排都有8个元素；第四、五排各有18个元素；第六排有32个元素，因为在第56号和第72号之间的一个方格里不是一个元素，而是15个元素，它们属于稀土族元素。第七排也应该是32个元素，但目前只发现了其中的一部分。

第一个方格里是氢元素，它的前面不会再有其他的元素，因为氢核里的质子和中子就是构成其他元素的基本单位，所以氢元素在门捷列夫元素周期表中占第一位是毋庸置疑的。不过，表的结尾问题就复杂多了，曾经金属铀长期占据了末位。

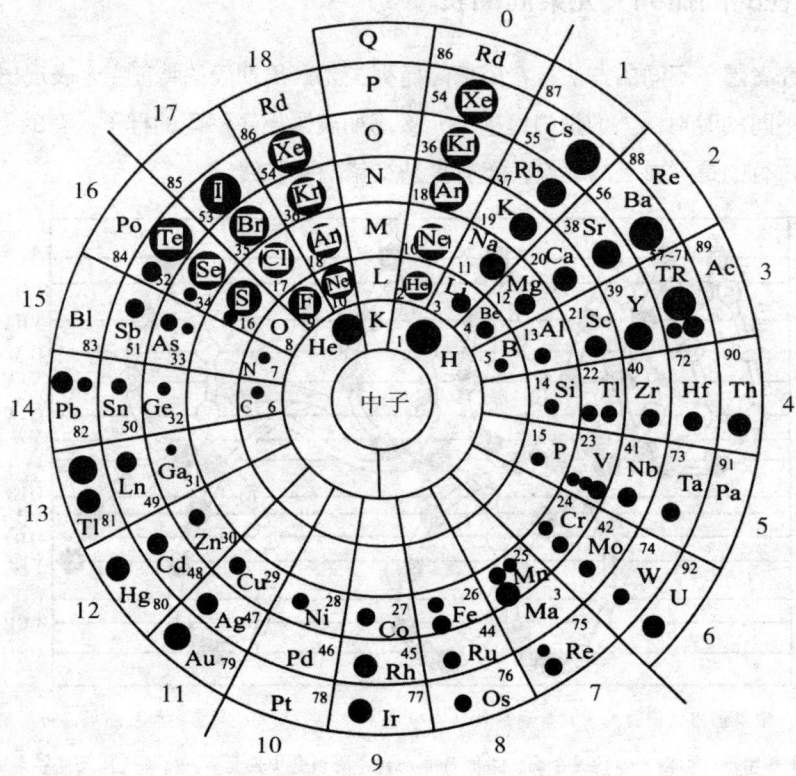

螺旋形的门捷列夫元素周期表，圆点的直径表示原子和离子的相对大小（1945年）

后来，化学家在实验室里制造了超铀元素，铀元素就不再是门捷列夫元素周期表的末位元素了。铀的后面还有八种元素：第 93 号的镎元素，第 94 号的钚元素，第 95 号的镅元素，第 96 号的锔元素，第 97 号的锫元素，第 98 号的锎元素，第 99 号的锿元素，第 100 号的镄元素。

我们知道，方格上面的数字是从 1 开始排列的，这些数字是原子序数，也就是各种元素的核外电子的数目，所以这个数字和对应的元素密不可分，有着非常重要的联系。

例如，原子量是 65.38 的金属锌的方格里的数字是 30，这个数字一方面表示了锌的原子序数，另一方面代表了绕着原子核旋转的粒子的数目，也就是电子数。

曾经，化学家在自然界里不停地寻找第 43 号、第 61 号、第 85 号、第 87 号这四种元素，分析了各种矿物质和盐类，还用分光镜观察看看是否能发现光谱线，但是，这一切努力都白费了。杂志上也发表过多篇文章，多次声称发现了这四种元素，后来都证明是错的。结果，无论是地球上，还是其他的天体上，都没有这些元素。不过，现在可以用人工方法合成。

第 43 号元素的性质和锰元素类似，所以门捷列夫称它为类锰。现在，我们用人工方法合成了这种元素，给它起了个名字叫锝。

第二个元素是碘下面第 85 号元素，它比碘元素更容易逸散，门捷列夫称它为类碘。这种元素现在也合成了，它的名字是砹。

在很长一段时期里，第 87 号元素是一个谜，它也是门捷列夫预言过的，被称为类铯。现在，这种元素也合成了，它的名字是钫。

最后一个没有在地球上和其他星体上发现的元素是第 61 号元素，它是一个稀土金属，也可以合成，它的名字是钷。

门捷列夫苦心研究自然界的规律，终于画出了元素周期表的草图，现在的周期表已经完善多了。

我们在前面说过，每一个方格都有一个序号，里面放一种元素。不过，物理学家证明，实际情况并不是那么简单。例如，第 17 号元素是氯，依化学性质而言，应该只有一种气体氯，氯原子的核外有 17 个电子，绕着原子核旋转，就像行星绕着太阳那样。然而，物理学家说氯有两种，一种比较重，另一种比较轻。我们所说的氯就是这两种按照一定的比例混合成的，所以氯的原子量是 35.45。

一、原子

还有第 30 号的锌元素，物理学家也说不止一种，有些比较轻，有些比较重，一共有六种。由此可知，虽然每一个小方格里只有一种元素，有着特定的性质，但这种元素往往有好几种，也就是所谓的"同位素"。有的元素只有一个同位素，有的元素却有十几种同位素。

同位素的发现，引发了地球化学家的极大兴趣。为什么同位素的分量有着严格的比率呢？为什么同位素不是有的轻得多、有的重得多呢？化学家非常想弄明白这些问题。他们分析了来源不同的盐：从海水中得到的食盐，从各种湖里提取的盐，还有岩盐和中非洲的盐。他们用各种盐制成氯气，没想到这些氯气的原子量完全相同。化学家甚至用天上掉下来的石灰制出氯气，结果还是一样。无论从什么地方得到的氯气，原子量始终不变。

不久后，化学家有了新的突破。他们在实验室研究，想要把氯的两种同位素分开，经过长时间的复杂蒸馏后，氯气分成了两种气体：一种轻的氯原子和一种重的氯原子。这两种氯气的化学性质完全相同，只是原子量不一样。

同位素的出现，使门捷列夫元素周期表变得更加复杂了。以前，这个表多么简单，一共有 92 个方格，每个方格里面有一种元素，方格的序数等于原子的核外电子数，这一切看起来那么简单明了。可是，显然现在不是这么一回事了。

原来，氧原子不是一种，而是三种，原子量分别是 15、16、18。氢原子也有三种，原子量是 1、2、3。在自然界中，原子量是 2 和 3 的氢原子非常少见，所以不太引人注意，它们的名字分别是氘原子和氚原子。

就化学性质而言，氘和普通的氢气相同。不过，氘原子的重量是普通氢原子的两倍。用电流把水分解后，可以得到纯净的氘，用它合成的水比普通氢气合成的水要重，所以称为重水。而且，重水有一些特殊的性质：它的杀伤力很强，能够杀死活细胞。总之，重水和普通的水有区别。

化学家在实验室取得了成就后，地球化学家也要去自然界研究同样的问题。既然在实验室里能够把不同重量的氢原子分开，那么，在自然界应该也可以办到。差别只是：自然界的化学反应不是安安静静地进行，周围的环境变化无常，熔化的岩浆有时候在底下，有时候会突然喷到地面上来，要想找到大量的同位素，的确不是一件简单的事情。现在已经知道，海水中所含的重水比河水和雨水中的多一些。这样，又发现了一个研究的方向，是以前的矿物学家和地球化学家没有发现的。

这些化合物之间的差别非常小，一定要使用精密的化学方法和物理方法才能够找到它们之间的区别。

矿物学家和地球化学家在研究自然界中的石块、水、土壤的时候，很难发现几百万分之一克和几百万分之一厘米，或者是几千分之一克和几千分之一厘米这样的差别。有时候，我们常常忘记氧原子有三种，锌原子和钾原子分别有六种和两种，因为它们之间的差别是那么小，我们现在的研究方法难以精确地区分出来。

现在，只有物理学家和化学家通过精密的实验，才能够把元素分为同位素。毋庸置疑，一旦有了更精密的方法用在自然界的研究上，到时我们就能发现大自然更多的奥秘。

读者朋友，我们暂时不去想同位素，认为门捷列夫元素周期表的每个方格里只有一个固定的元素。第50号元素是锡，无论什么时候它都是那样，其化学反应也一样，在自然界的某些晶体里，它的原子量始终是118.7，不会发生变化。

同位素的发现并不会改变门捷列夫元素周期表，只是变得更复杂了。其实，这张表还是明确地表示了自然界的面貌，和门捷列夫当初描绘的一样，也体现了门捷列夫当初预言的重要意义。

我们仔细研究一下这张表，看看它对于矿物学家和地球化学家而言，有着什么样的价值。

我们先从上到下看一下门捷列夫元素周期表。

第一列是锂、钠、钾、铷、铯、钫，它们是金属元素，也就是我们所说的碱金属。除了钫元素是人工合成的，其他的元素在自然界中都能找到，且它们常常一起出现。我们很熟悉它们的几种化合物：钠的化合物就有我们平时吃的食盐，钾的化合物是制造烟火的硝石，等等。

钾、铷、铯、钫这四种元素比较少见，主要用来制造复杂的电气仪器。不过，虽然这六种元素各有特点，但它们的化学性质是非常相似的。

第二列是碱土金属，其中铍元素是最轻的，最奇妙的则是镭元素。它们的化学性质也类似，就像是密不可分的一家人。

第三列是硼、铝、钪、钇，再往下是15个稀土金属，最后一个是锕元素。实际上，我们只熟悉前两种元素硼和铝，它们在自然界中有着重要的作用。硼是硼酸和硼砂的主要成分，硼砂是用来制作焊药的原料。铝包含在霞石、长石、刚玉、铝土

里面，纯铝可以用来制作金属器皿、锅子、调羹等。这一族元素比较复杂，铝是金属元素，而硼是非金属元素，因为它和金属可以生成盐（例如硼砂）。

第四列是碳、硅、钛、锆、铪、钍，碳和硅是自然界中很重要的元素，所有的生物体内都含有碳元素，石灰岩里也有碳，至于硅以后会单独讲解。

第五列、第六列、第七列是特别的金属，它们在钢铁工业上有着重要的作用，添加到钢里可以改变钢的性质。

第八列、第九列、第十列是门捷列夫元素周期表中比较有趣的部分，最显著的特点是横向相邻的三种金属元素的性质非常相似。铁、钴、镍的化学性质类似，在自然界中也总是在一起，甚至做化学分析的时候也难以把它们分开。轻铂族的金属钌、铑、钯，重铂族的金属锇、铱、铂，三种金属的性质也非常相似。

接下来的四列是重金属，这里面包含了铜、锌、锡、铅这四种金属，在生活中我们常常见到它们。

第十五列第一个元素是气体氮，下面是容易逸散的磷和砷，接着是半金属锑，最后是金属铋。这一列中的元素是过渡元素，后面不再是我们熟悉的具有光泽的金属元素，而是一些非金属元素：气体、液体，以及固体的非金属。

第十六列中的氧、硫、硒、碲的性质非常清楚明确，但钋元素的性质还不是很明白。第十七列是容易逸散的元素，首先是氢、氟、氯这三种气体，接着是液体溴，再下来是也会逸散的固体碘，最后是不太了解的人造元素砹。化学家把第十七列的元素（氢气除外）称为卤族元素，意思是能够生成盐的元素。最后的第十八列是稀有气体，由于它们的性质稳定，不和其他的元素化合，所以也叫做惰性气体。在自然界中，这些气体无处不在，所有的矿物里面都有它们的身影。第一个元素氦，是组成太阳的主要气体；最后一个元素氡，是一种非常奇怪的气体，氡原子只有几天的寿命。

1.7 地球化学上的门捷列夫元素周期表

自古以来，人们就非常好奇，化学元素在地球里及自然界中是怎么分布的呢？

远古时代，人们为了制造劳动工具和打猎工具，用坚硬的燧石或者是同燧石一样坚硬的软玉作原料。在纪元前好几千年的时候，人们就开始寻找矿藏，他们发现了河沙中金子般的光芒，也注意到非常好看或者很重的石头。

就这样，人们慢慢地学会了采矿，提炼金属铜、锡、金，最后是铁。在实践中，积累了知识和经验。古埃及时期，人们已经可以探测出出产铜和钴的地区，然后用开采出来的矿石制造蓝色颜料。后来，又找到含铁的赭石，用来做雕像的黏土，还有做圣甲虫雕像的土耳其玉。

人们慢慢发现了自然界的简单规律。在同一个地方，往往会发现好几种金属，例如锡、铜、锌，人们把这些金属组合起来，这样青铜合金就出现了。在其他的地方，人们同时发现了金子和宝石；另一些地方发现了黏土和长石，组合起来就出现了瓷器。

这样一来，慢慢地发现了地球化学上的一些重要规律。中世纪时，炼金术士积累了不少关于自然界的知识，他们试着在实验室里炼出金子和哲人石。他们知道，有几种金属常常一起出现。例如，同一山脉中常常会同时发现方铅矿晶体和锌磷，有金子出现的地方就会有银子，铜和砷总是连在一起。

欧洲的矿冶业发展起来之后，地球化学上的规律就更清楚了。萨克森、瑞典、喀尔巴阡山脉的矿坑深处，为产生地球化学这门新的科学奠定了基础，它告诉人们哪些物质会在同一个地方出现，什么条件下某些元素会聚集或者分散。

17世纪木刻画中的炼金术士

要知道，这是矿冶业上最需要解决的问题。为了促进工业的发展，必须知道什么地方有着大量的工业原料，例如铜、铁等。

现在，我们知道元素的分布是有一定规律的，利用这些规律我们可以找到想要的矿藏。

在日常生活中，我们也会用到这些规律。例如，空气的组成是氮气、氧气及一些稀有气体；盐湖或者是岩盐矿床里有氯、溴、碘和钾、镁、钠等金属化成盐类。

熔化的岩浆冷却后可以形成花岗岩，这是有着闪亮结构的结晶岩，里面含有

一、原子

几种固定的元素。这几种元素和含硼、铍、锂、氯的宝石分不开。另外,花岗岩里还含有钨、铌、钽等稀有金属。

和花岗岩不同,从地下深处冒出来的很重的玄武岩里面含有铬、镍、铜、铁、铂的矿物。熔化的岩浆来到地球表面,四处流散后形成矿脉,从这些矿脉里,开采者可以找到锌和铅,金和银,砷和汞,等等。

我们的科学越发展,人们就越清楚地球化学的规律,越能够比较容易地找到人类进步需要的矿物质。

下面,我们再来说一下门捷列夫元素周期表,这张表可以帮助地质学家和地球化学家勘探金属和矿石,就像帮助化学家分析元素那样。

在门捷列夫元素周期表的中心,有九种元素,分别是铁、钴、镍,以及六种铂族金属。地质学家告诉我们,这九种金属的矿床位于地下深处,只有高耸的山岭在千百万年的时间里变成平原,就像是苏联的乌拉尔那样,深埋在地下的含有丰富的铁和铂的绿色岩层才能够暴露出来。

这九种元素不仅是苏联山脉的重要组成部分,同时还处于门捷列夫元素周期表的中心位置,可见它们非常重要。

接下来,我们说一下重金属,它们在镍和铂的右方,占了好几个方格。这就是铜和锌、金和银、铅和铋、汞和砷。我们刚刚说过,这些金属总是一起出现,采矿的人可以在山脉中发现它们。

从表的中心往左方看,那里也是金属的家园。这里有我们熟悉的铍和锂,它们是生成宝石的重要元素。还有一些非常罕见的元素,它们聚集在花岗岩最后冷凝的部分里,也就是伟晶花岗岩里。

我们再来看一下表的最左、最右的部分,这张表横着折起来之后,尽头的元素就可以衔接起来,这也是门捷列夫元素周期表的一个特点。这里又有我们熟悉的元素,主要是盐湖里的各种元素,它们是氯、溴、碘、钠、钾、钙,可以生成不同种类的盐。

表的右上角是组成空气的主要元素:氮、氧、氢、氦,以及其他的惰性气体;表的左上角的元素是:锂、铍、硼。看见这些元素,你会想到什么呢?是花岗岩最后冷凝的部分,还是美丽的宝石:粉红色和绿色的电气石,翠绿色的祖母绿,紫色的锂辉石呢?门捷列夫元素周期表可以告诉我们,自然界中的哪些元素会聚集在一起，可见这张表的确是勘探金属的指南针。

为了证明前面所说的规律，我们以乌拉尔山脉的矿藏为例解释一下。

乌拉尔山脉就像是一张门捷列夫元素周期表，横跨了各种岩层。山脉的轴心类似于表的中心，那里有大量的铂族金属的绿色岩石；索利卡姆斯克产盐地带和恩巴地区就像是周期表左右两边的元素。

这已经充分地证明了，门捷列夫元素周期表中元素的排列不是偶然的情况，而是根据一定的规律来排的，相邻的元素有着类似的性质。所以，元素的性质越接近，它们在表中的位置就越靠近。

自然界也是一样，地质图上的矿产标记，也是按照一定的规律标上去的，绝不是胡乱标的。就像锇、铱、铂常聚在一起，砷和锑总是同时发现，这些绝不是偶然的情况。

化学性质相似的元素，它们之间有着一定的联系，就是这样的联系决定了它们在地球上的分布，以及在地球内部的动态变化。由此可知，门捷列夫元素周期表的确有着巨大的作用，人们利用它找到需要的矿藏，促进工农业的发展。

在乌拉尔的远古时期，熔化了的岩浆从地底下冒出来，里面有深灰色、黑色、绿色的岩石，铁和镁的含量很高。另外，还有铬、钛、钴、镍的矿石，还夹杂着钌、铑、钯、锇等铂族金属。

这样，乌拉尔历史的第一个阶段开始了。地下深处的橄榄石和蛇纹岩构成了乌拉尔山脉的主干，像是一条长长的链子，向北延伸到北极群岛，向南到哈萨克斯坦的羽茅草原地带。这相当于门捷列夫元素周期表的中心部分。

熔化的岩浆在涌出地面四散的时候，比较轻的逸散物质分离出来，比较重的物质冷凝成岩石，逐渐形成了现在的乌拉尔山脉。在这个过程中，乌拉尔山还有火山爆发的情况，火山活动停止后，深处的结晶物质变成了花岗岩。这是一种灰色的花岗岩，乌拉尔地区的居民都知道这种岩石。纯粹的石英夹杂在花岗岩里面，形成了白色的矿脉，不断地分出旁支，侵入了周围的岩石中。在这种作用下，聚集了容易逸散的硼、氟、锂、铍等元素，以及稀土族元素，生成了乌拉尔的宝石和稀有金属矿石。

在门捷列夫周期表中，这是靠左上角的那一部分元素。

不过，在这时以及以后的时间里，火热的岩浆还会从地下冒出来，夹带着低

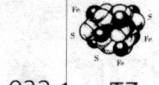

熔点、易流动、易溶解的锌、铅、铜、锑、砷的化合物，还有金和银等物质。

在乌拉尔的东部，这些矿床连在一起形成了一条长长的链子，有的地方聚集着大量的矿脉，有的地方比较分散。

这里类似于门捷列夫元素周期表右边的元素。

最后，火山不再喷发，横向压力把地层挤成了乌拉尔山脉，促使山峰从东向西移动，为炙热的矿脉溶液寻找出口。现在，这种横向压力也不再起作用了。

接着是长期的破坏作用，在上亿年的时间里，岩层不断地受到水的冲刷。在这个过程中，难溶的物质留了下来，易溶的物质溶解到水里，被带到了湖泊和海洋中。在乌拉尔的西面，水流汇聚成了帕尔姆海，收容了从乌拉尔带来的物质。后来，海水慢慢干涸了，海面成了港湾、湖泊、三角港，盐就沉在了底层。

这样，聚集了钠、钾、镁、氯、溴、碘等元素的盐类就形成了。

这就是门捷列夫元素周期表中左右两边的元素。

在乌拉尔的山顶，只剩下不能和水发生作用的物质。

在千百万的时间里，被破坏了的岩石又形成了坚硬的地壳。铁、镍、铬、钴在这里聚集，形成了储量丰富的褐铁矿层，促进乌拉尔南部地区镍工业的发展。

在花岗岩受到破坏的地区，形成了石英矿床，聚集了大量的金、钨、宝石，这些物质被深深地埋在沙子里，再也没有发生变化。

乌拉尔就这样慢慢地沉寂下来，土覆盖了它的表面，东部的河水不断地冲击着它，把刚形成的小丘冲毁了，在河的两岸分离出了锰和铁的矿石。

乌拉尔山脉的一头连着北极群山，另一头靠近哈萨克羽茅草原，这下面藏着门捷列夫元素周期表中的全部元素。只有新的技术和方法，才能够揭开乌拉尔山脉的神秘面纱，去发掘出门捷列夫元素周期表中一个个的元素，把山脉下的巨大矿藏用到工业的发展上。

1.8 原子的分裂现象——铀和镭

在前面我们就说过，地球化学这门科学的基础是原子，这个词的希腊意思是"不可分的"。92种元素相互组合，共同构成了我们的自然界。

那么，这92种"不可分的"粒子到底是什么东西呢？它们真的不能再分了吗？它们在结构上确实毫不相关吗？

物理学家和化学家都认为原子是不可分的,虽然他们知道原子的结构非常复杂,但始终没有花工夫去研究。

直到 1896 年,法国著名的物理学家贝克勒尔发现铀能够发射出一种从来没有见过的射线,而居里夫妇发现了镭这种新的元素,它的放射现象比铀还要明显,那时才明白原子的结果是多么复杂。后来,在约里奥-居里夫妇、卢瑟福、罗日杰斯特文斯基、玻尔及其他科学家的研究下,终于弄清楚了原子的结构。我们不但知道了构成原子的微小粒子,还知道了这些粒子的大小、重量,它们的排列顺序,以及是什么力量让它们结合在一起的。

在前面我们就说过,虽然原子的直径只有一亿分之一厘米,但它的结构非常复杂,就像是一个小型的太阳系。

原子的中心是原子核,它的直径是原子直径的十万分之一,大约是十亿万分之一厘米,却几乎集中了原子的全部质量。

原子核带着正电荷,原子越重,所带的正电荷就越多。而且,正电荷的数目

居里夫妇在实验室

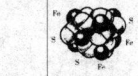

等于原子在周期表中的序数。

原子核的外面是电子,电子绕着原子核高速旋转。另外,电子的数目等于原子核所带正电荷的数目,所以整个原子是电中性的。

原子核是由两种不同的粒子组成的,一种是质子(也就是氢原子核),另一种是中子。质子的质量大约等于氢原子的质量,带着一个正电荷。中子也是实质的粒子,质量和质子的差不多,但它是中性的,不带任何电荷。

在原子核内,质子和中子紧紧地结合在一起,所以无论是什么化学反应都不能使原子核发生变化。

打开门捷列夫周期表,沿着轻元素往重元素看,我们会发现,大部分轻元素原子核中质子的数目等于中子的数目(由前几个元素的质量等于原子序数的两倍,可以判断出这一点)。

在往下看重元素,它们原子核中的质子数少于中子数。最后,中子数比质子数多得多,原子核也变得不稳定了。81号以后的元素,有稳定的同位素,也有不稳定的同位素。不稳定的同位素的原子核会发生裂变,释放出大量的能量,然后变成了另一种元素的原子核。

86号以后的元素,原子核都不稳定,这些元素统称为放射性元素。

放射性是原子自动分裂的一种性质,原子放射之后会变成另一种原子,同时以放射射线的形式放出大量的能量。这些射线一共有三种形式:

第一种是 α 射线,是一种高速飞射出来的实质粒子,每一个粒子带有 2 个正电荷,每个粒子的质量是氢原子的 4 倍。

第二种是 β 射线,是高速飞射的电子流,每一个电子带有一个负电荷,电子的重量是氢原子重量的 $\frac{1}{1840}$。

第三种是 γ 射线,它类似于 X 射线,但波长比 X 射线短一些。

如果我们把一克的镭盐放到玻璃试管里,然后封住试管的两头,仔细观察,就可以发现镭放射时发生的变化。

如果有一种测量温度的精密仪器,我们就能够测量出,试管内的温度比外面的温度高一些,因为放射时会产生热量。

我们可以看到这样的现象,镭盐的内部好像有一个发热器,不断地放出热量。根据这种现象可以得出结论:在发生放射的时候,也就是原子核裂变的时候,会放出大量的热能。实验证明，一克镭在"蜕变"时，一个小时会放出 140 小卡的热量；如果让它完全变成铅（这个过程大约需要两万年），放出的热量是 290 万大卡，相当于半吨煤燃烧时产生的热量。

把盛着镭盐的试管中的空气抽出来，然后注入另一个密封的真空试管中，这时会发现，暗处这个试管发出浅绿色或者是浅蓝色的光，和第一个试管中的现象一样。

这是次级放射现象，是镭发射时产生的另一种放射性元素引起的，这是一种气体元素，名字叫做氡。

在 40 天内，试管中氡的含量不断增加，之后就不再发生变化，因为 40 天后氡蜕变的速度等于它生成的速度。用带负电的检验棒可以检验氡的放射性，只要把盛着氡的试管靠近检验棒就可以了。放射线会把空气中的分子变成离子，于是空气就能导电了，检验棒就会失去电子。

时间一长就可以看出，盛着氡的试管对检验棒的作用越来越小。3.8 个昼夜后，作用会减一半；40 天之后，再把检验棒靠近试管，就没有任何作用了。不过，如果我们在这个密闭的试管内制造放电现象，然后用分光镜来观察，就会发现另一种气体的光谱，这种新出现的气体是氦。如果把镭盐放到试管中保存好多年，然后把其中的镭盐取出来，用精密的方法分析试管内壁是否有其他的元素，我们会发现少量的金属铅。

在一年内，一克的金属镭蜕变后生成 4.00×10^{-4} 克原子量是 206 的金属铅和 172 立方毫米的气体氦。

由于镭的蜕变生成的新的放射性元素，也会继续发生蜕变，直到全部变为没有放射性的元素铅。其实，镭也是铀蜕变过程中的一种产物。

放射元素在蜕变过程中产生的一系列元素，叫做放射系。

一种放射性元素的所有原子都是不稳定的，它们进行蜕变的几率相同。因此，含有千百万个原子的放射性物质，它的蜕变速度是固定不变的，也不会因为物理作用或者化学作用而改变。

科学家已经证明了，无论是从绝对零度的低温到几千摄氏度的高温，还是几千个大气压的压力，或者是高压放电，都无法影响放射性元素的蜕变速度。

一般用半衰期 T 表示放射性元素的蜕变速度，也就是某个元素的所有原子变

化一半需要的时间。当然，不同放射性元素的半衰期不同，但同一种元素的半衰期是固定的，在任何情况下都不会改变。

各种放射性元素的半衰期的差距很大，极不稳定的原子核的半衰期是一秒钟，而铀或者钍这类有点不稳定的原子核的半衰期则是几十亿年。在蜕变的过程中，生成的第一代的原子核也和原来的原子核一样，是非常不稳定的，也具有放射性，这样一代代地蜕变下去，直到生成稳定的、没有放射性的原子核。

现在，有三个放射系，也就是三个族：第一个是铀—镭系，开头是原子量是238的铀的同位素；第二个是铀—锕系，开头是原子量是235的铀的另一种同位素；第三个是钍系。三个放射系的每一个系都有十几代的蜕变，最后生成的是稳定不变的铅的同位素，原子量分别是206、207、208。最后生成的稳定物，除了铅还有氦，那是因为α粒子被放射出来后，失去了动能和电荷，所以就变成了氦原子。

在地球上，铀、钍、镭这些不稳定的放射性元素不停地发生蜕变，同时还放出大量的热能。

这些元素在蜕变时发出的热能，我们早就在使用了，我们的地球之所以能够发热，就是这些热能在起作用。

另外，飞艇和气球里使用的氦气，也是地球内部的铀、钍、镭原子蜕变过程中产生的。如果从地球刚存在的时候开始算，产生的氦气的数量是非常庞大的，大约有好几亿立方米。

我们对地球内部铀、钍、镭元素的蜕变非常感兴趣，不仅因为蜕变的过程中会产生大量的热能，提供工业上需要的化学元素，还因为蜕变过程本身就是一个自然时钟，记录了岩石生成的时间，还可以告诉我们地球变成固体后又过了多少年。

那么，铀、钍、镭的蜕变是怎么显示地质年代的呢？我们已经知道，无论什么样的物理作用和化学作用，都不能改变放射性元素的半衰期，而且，放射性元素最后会生成稳定的氦原子和铅原子，促使铅和氦不断地积累，越来越多。

测量出了一克铀或者一克钍在一年内产生的氦和铅的重量，然后再测量出某种矿物含有多少铀和钍，还有氦和铅。最后，根据氦相对于铀和钍的比率，铅相对于铀和钍的比率，就可以算出矿物生成后过了多少年。

实际上，矿物刚刚生成的时候，里面只有铀和钍，没有铅和氦。后来，矿物里的铀和钍发生蜕变后，才出现了铅和氦，并且逐渐积累起来。

含有铀原子和钍原子的矿物，就像是一个沙漏，大家都知道沙漏的作用，现在我来说一些沙漏的结构：它上下各有一个容器，且是连通的；一个容器里装着一定量的沙子。开始计时的时候，就把沙漏固定起来，装着沙子的容器在上面，在重力的作用下，沙子会从上面的容器慢慢地落到下面的容器中。沙子的重量是一定的，通常是 10 分钟、15 分钟等的时间里，完全落到下面的容器中。在日常生活中，沙漏就是用来测量时间的间隔的。其实，它可以测量任何时间的间隔。先称好沙子的重量，然后称一下掉到下面容器中沙子的重量，或者在容器外面标上刻度，测出落下去的沙子的体积。由于沙子受到的重力作用是一定的，所以一分钟内从上面的容器落到下面的容器中的沙子的数量也是一定的，根据掉下来的沙子的多少，就可以算出从沙子开始下落经过的时间了。

在含有铀和镭的矿物里，也存在着类似的现象。这种矿物就像是沙漏上面的容器，铀原子和镭原子就像是容器里面的沙粒。这两种原子按照一定的速度蜕变成铅原子和氦原子，和沙漏的情况类似，蜕变生成的原子及剩下的放射性物质和经过的时间成比例。

矿物里面剩下多少铀，可以直接测量出来；根据蜕变生成的铅和氦的质量，可以计算出发生蜕变的铀的质量。有了这些数据，就可以求出铀和铅、氦的比率，然后推算出这种矿物发生蜕变的时间的长短。依据这种方法，科学家算出地球上的矿物大约有 20 亿年的历史。这样，我们就可以明白了，地球就像是一位长生不老的智者，它的年龄比 20 亿岁大得多。

最后，我们再说一个最近才发现的现象，它对我们的生活有着重要的意义。在前面我们就说过，门捷列夫周期表中 81 号之后的元素不仅有稳定的同位素，也有不稳定的同位素，也可以称为放射性元素。稳定元素的原子核内，有着一定数量的质子和中子，比率也是一个定值，当这个定值被破坏后，原子核就变得不稳定了。如果原子核里面的中子太多，这种元素就具有了放射性。

科学家发现了原子核的这个特点后，就开始想办法人为地改变原子核中质子和中子的数量比率，这样就把稳定的原子核变成了不稳定的原子核，变成了放射性元素。不过，这是怎么做到的呢？

这时，就需要小型的炮弹，它不能比原子核大，还要带着巨大的动能去撞击原子核。

放射性元素放出的 α 粒子就符合炮弹这种特点，它不仅有着巨大的能量，大小也合适。利用这种炮弹，科学家首先破坏了氮原子的原子核。1919 年，英国著名的物理学家卢瑟福完成了这个实验，它用 α 射线去照射氮的原子核时，从里面飞出了质子。

15 年后的 1934 年，法国的青年科学家约里奥 – 居里夫妇用钋放射出的 α 粒子去照射铝，铝不但放射出了含有中子的射线，而且停止照射后，还能短时间放射出 β 射线。

经过分析后约里奥 – 居里夫妇发现，进行自动放射的不是铝原子本身，而是磷原子，铝受到 α 粒子的作用后生成了这种磷原子。

就是这样，第一批人造放射性元素出现了，打开了用人力制造放射的大门。不久后，科学家尝试用中子来冲击原子核，它比 α 粒子更容易进入原子核，因为 α 粒子带着正电荷，它接近原子核的时候，会受到同样带着正电荷的原子核的排斥作用。

重元素的这种排斥力是非常大的，所以 α 粒子的能量无法和这种力量相抗衡，不能接近原子核。中子却不一样，它不带任何电荷，原子核不会排斥它，所以它比较容易钻到原子核里面去。实际上，科学家利用中子撞击的方法制造出来了全部元素的不稳定放射性元素。

1939 年科学家发现，带着能量的中子冲击铀元素的时候，铀的原子核发生了另一种蜕变，一个原子核分裂成了两个大小相同的粒子。这两种粒子是门捷列夫元素周期表某两种元素的原子核，是它们不稳定的同位素。

1940 年，苏联的物理学家比得尔扎克和弗廖罗夫发现自然界里的铀也可以进行这种蜕变，只是速度要慢得多。

就铀在自然界中的蜕变而言，蜕变掉全部原子的一半需要的时间是 45×10^8 年，按照对半分裂的方式来说，半衰期就是 44×10^{15} 年。可见，第二种蜕变需要的时间比第一种的要长得多，但释放的能力也比第一种的多得多。

1946 年，科学家证明，铀按照第二种方式蜕变的时候，不仅可以生成不稳定的原子核，还生成了另一种稳定的原子核，在自然界中慢慢地积累起来。

例如，铀在第一种蜕变的时候，生成的是氦原子；按照第二种方式蜕变时，

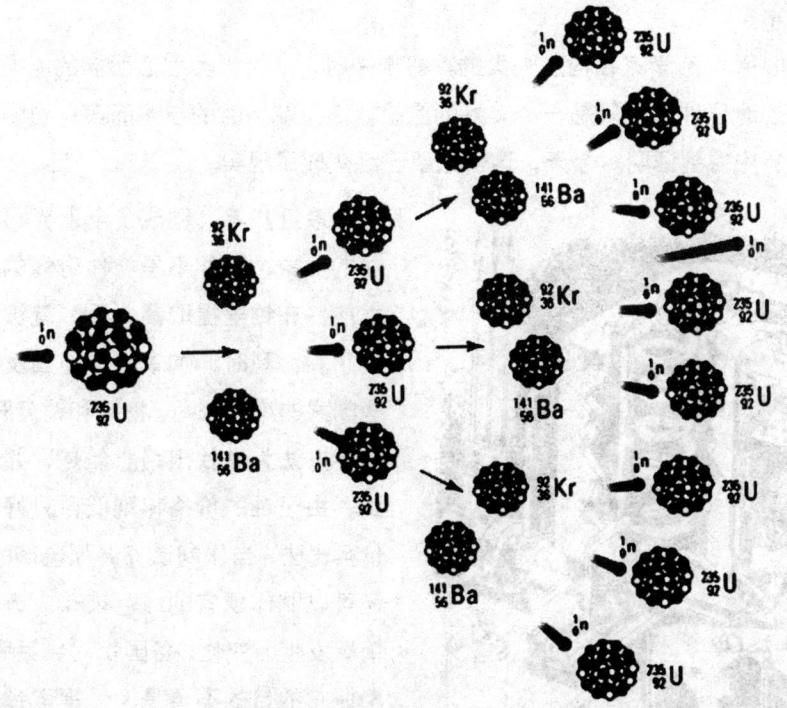

原子量是 235 的铀自动衰败的链式反应图

生成的是氙原子和氪原子。

用中子冲击铀的同位素，可以生成一系列的元素，在门捷列夫周期表里，有这些超铀元素的位置：第 93 号元素镎，第 94 号元素钚，第 95 号元素镅，第 96 号元素锔，第 97 号元素锫，第 98 号元素锎，第 100 号元素镄。

最有趣的是，第二种蜕变的速度是可以调节的，我们可以随意加快或者减慢。如果加快这些蜕变速度，可以使一千克的金属镭在一瞬间完全蜕变，放出大量的能量，相当于燃烧 2000 吨煤，结果发生大爆炸。

爆炸之后的裂块会继续蜕变，直到把多余的能量完全释放掉，直到变成各种金属原子为止。

值得注意的是，人类的技术不仅可以加快这种反应，释放出大量的能量，而且还可以控制这种反应，让它缓慢地放出这些能量，不至于引起爆炸。在 19 世纪末，居里夫妇发现了镭之后，才解开了探索原子内部能量的历史序幕；20 世纪初期，少数科学家认为原子内部有着大量的能量；在今天，这已经是一个无可争议的事实。

1903年,科学家在描述人类的美好未来时,认为人类生活所需的能力是无止境的,当时这种想法只是一个美好的愿望。因为就当时的技术而言,科学家不能在自然界中得到证明。今天,这个愿望已经变成了现实。

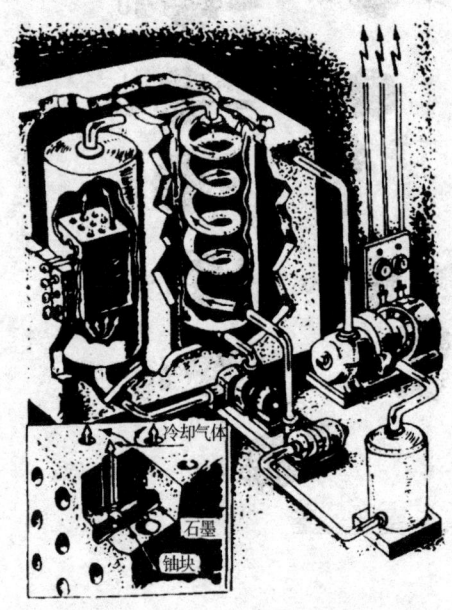

这就是铀235反应的"铀锅"装置,这里面装着铀和减速剂石墨,"铀锅"的外面包着能够反射中子的物质

最近几年,铀成了全世界科学家关注的对象,这并不是一件奇怪的事情。之前,在铀里提取镭之后,就被当作废物了。比利时、加拿大、美国及其他一些国家的炼镭公司,把铀和镭分开之后,想尽办法为铀找出路。但是,并没有找到,由于铀的价格特别低,只好把它廉价卖出去,当作制造瓷器和琉璃的颜料,还可以制作便宜的绿色玻璃。近几年,情况发生了变化,各国都对铀另眼相看,勘探它的目的不再是为了提取镭,更多的是关注它的本身。

虽然一时不能解决原子能的问题,虽然原子能刚开始使用时的价格比蒸汽锅炉的能量贵得多,但我们要明白,原子能是永远的动力,它的前景是多么广阔啊!

人类掌握的这种新的能源,比以前的一切能源都重要得多、强大得多。

全世界的科学家都在加快研究的脚步,以便尽快掌握这种新的技术,用它来促进人类的发展。

等到能够随意使用原子能的时候,我们就会有装在手提箱中的发电站,像怀表一样大的发动机,储存着许多能量的喷气发动机,可以连续飞行几个月的飞机,等等。

原子能的时代马上就来到了,我们人类显神威的时刻已经不远了。

可是,即使到了那个时候,我们用新的眼光来看待门捷列夫元素周期表,它

依然有着巨大的作用。

而且，在认识原子的内部结构方面，和了解原子的结构类似，周期表仍然是指路的明灯。研究了原子结构之后，我们知道了，门捷列夫周期表不仅是重要的化学定律，也是重要的自然定律。

1.9 原子和时间

时间是一个既复杂又简单的概念，有句古老的话是："时间是世界上最奇妙、最复杂，也是最难以克服的东西。"公元前4世纪的时候，伟大的哲学家亚里士多德说："在我们周围莫名其妙的事物当中，时间是最莫名其妙的，因为谁也无法说出时间是什么，谁也不能控制时间。"

人类刚刚有文化的时候，时间就出现了，还有了世界末日的猜想。人们想知道，自然界是怎么来的，我们居住的地球年龄是多大，太阳可以在空中发光多久，这一切什么时候会结束。

古代波斯的说法是，世界存在了1.2万年。

巴比伦的占星学家说，世界已经很老了，足足有200多岁；《圣经》认为，按照神的旨意，用六天六夜创造了世界，从那时起仅仅过了6 000年。

自古以来，人们一直在思考时间这个问题，人们逐渐用科学的方法代替占星学家的说法，来计算地球存在的时间。

1715年，伽利略首先开始计算地球的年龄；1862年，开尔文依据地球的冷却学说，从地球冷却的时候开始计算，得出地球的年龄是4 000万年，在当时这是一个非常大的数字。

后来，地质学家开始用地质学上的方法来计算地球的年龄。瑞士、英国、瑞典、俄国、美国这五个国家的地质学家测量出地球沉淀的岩层有100多米厚，于是，他们开始计算生成这么厚的岩层需要的时间。

由于河流每年从地面上冲走的物质大约是1 000万吨，那么，地球表面平均每25年会降低一米。地质学家研究了流水和冰川的作用，还研究了陆地、海洋的沉淀物，以及带状的冰川黏土，从而得出了这样的结论：地壳的历史远远不止4 000万年。1899年，英国的地球物理学家约翰·乔利计算得出，地球的年龄是3亿年。

但是，不管是物理学家，还是化学家，甚至是地质学家，都不满意这个答案。

陆地的破坏作用不是像约翰乔利想象的那样正常进行的，在物质沉积的时期，还伴随着火山爆发、地震、山岳的隆起。这样一来，早期的沉淀物又被熔化或者是冲走了。

因此，研究家不满意约翰·乔利算出的结果，他们想找到一种可靠的钟表，准确地测量出地球的年龄。

现在，化学家和物理学家上场了。他们发现了一种始终摆动的表，这种表不同于普通的钟表，它没有发条，也不用其他的动力去驱动。那么，这究竟是什么表呢？那就是放射性元素发生蜕变作用的原子。

在前面我们就说过，自然界到处是蜕变的原子，铀、钍、镭、钋等几十种元素都在进行着蜕变。蜕变的速度是固定不变的，无论是高温还是高压，都不能改变这种速度。在自然界中，放射性元素的蜕变速度是一定的，绝对不是普通的方法可以改变的。

当然，现代技术可以破坏原子的结构，也可以造出新的原子。但是，自然界没有这种条件，所以重元素的蜕变速度并没有发生变化，还是像原来那样。

无论何时何地，铀、镭、钍这些元素总是在我们周围进行着蜕变，同时生成稳定的铅原子和氦原子。科学家正是利用自然界中的铅和氦这两种元素，来测量地球的年龄的，它们就是用来测量时间的标准仪器。

这是多么神奇的现象，宇宙中有着复杂的电磁系统，是由几百种不同的原子组成的。这些原子在蜕变的时候放出能量，同时变成了另一种原子：新生成的原子有的是稳定的，不再发生变化；有的能存在几十亿年，在这个过程中，还在进行着复杂的蜕变；还有的原子只有几年、几天、几个小时的寿命，不久就发生变化了；最后，还有一些原子的寿命更短，几秒钟甚至是不到一秒钟……

在自然界里，元素的改变服从原子系统改变的规律，而时间决定着元素的量的分布规律，时间把元素分配到整个宇宙中，从而形成了复杂的世界，使得宇宙间充满了生命，到处生机勃勃。

就这样，宇宙缓慢地、永恒地变化着。蜕变的重原子消失后，另一些原子受到α射线的作用发生蜕变，又生成一些新的原子，蜕变的最后会生成稳定的原子，慢慢地积累起来。

科学研究表明，α射线对太阳上的大多数元素没有作用。在地球表面，90%的原子是比较稳定的，它们的原子核中的电子个数是偶数或者是4的倍数，γ射线和宇宙射线对它们的作用很小。在这些元素中，最稳定、结构简单的元素组成了无机世界，而那些不太稳定的元素（钠、钾等）参与到我们的生活中，帮助有机体争取生命的争斗。蜕变很快的元素（氡、镭等）不但损害了自己，也损害了有机体的生命。有些星体上的蜕变正在如火如荼地进行着，就像已经相当成熟的太阳；而星云上的蜕变才刚刚开始；还有一些昏暗无光的星体，那里也在进行着蜕变作用，但非常缓慢。这一切都是时间决定的，时间不但决定了宇宙的组成成分，还决定了各种元素的性质和搭配关系。

通过缜密的计算，物理学家和化学家得出，1千克的铀经过1亿年的蜕变后，可以生成13克的铅和2克的氦气。

地球钟。如果我们把太古时期到今天的时间当作24个小时，那么，根据放射作用算出来的年代表就是：前寒武纪是17个小时，古生代是4个小时，中生代是2个小时，新生代是1个小时，而人类存在的时间仅仅是5分钟，是多么不足道啊！

那么，20亿年之后，生成的铅是225克，有四分之一的铀完全变成了稳定的铅。在这段时间里，产生的氦气是35克。但是，蜕变作用没有到此结束，而是仍然继续着。再经过20亿年，铅的量达到了400克，氦气有60克，有一半的铀发生了变化。

如果时间过去了1000亿年，而不是40亿年，按照上面的推算可知，铀几乎全部蜕变成了铅和氦气，那时候地球上将不再有铀，而是充满了铅原子，空气中含有组成太阳的氦气。

根据这些数据，地球化学家和地球物理学家列出了地球演变年代表。根据铀的蜕变可以得知，在三四十亿年之前，太阳系的各个行星就从宇宙中分裂出来了，开始有了自己的历史。20亿年前，地球有了坚固的外壳，也就是我们通常所说的地壳，地球进入了另一个重要的阶段，开始有了地质史。10亿年前，地球上开始出现生物；5亿年前，圣彼得堡附近开始沉积寒武纪蓝色黏土层。

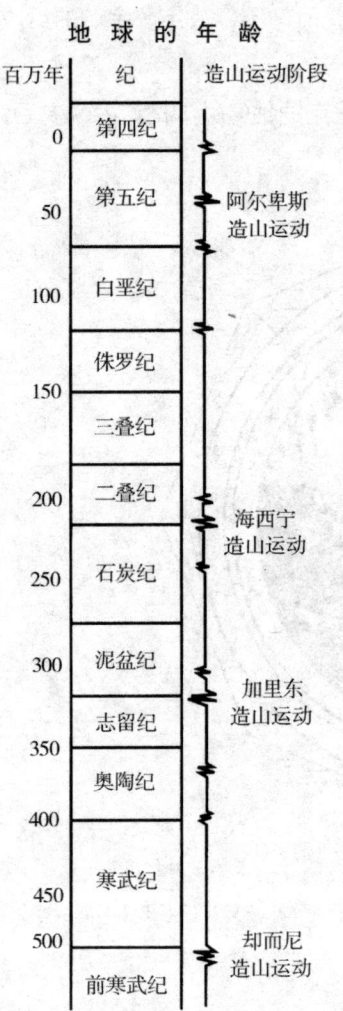

在地质史中，第一个阶段占据了四分之三，在这一时期，从地下深处涌出许多熔化的物质，破坏了坚硬的地壳。熔化的物质在地球表面流动，冷却后使地球表面出现了褶皱，形成了山脉。苏联的地球化学家和地质学家考察后发现，卡累利阿的别洛莫里德和加拿大曼尼托巴州的山脉最古老，大约有17亿年的历史。

接着，掀开了有机世界的发展序幕。从"地球的年龄"这张表中可以看出各个时期存在了多长时间。

5亿年前，加里东大山脉出现在了欧洲的北部；3亿～2亿年前，成就了乌拉尔山脉和天山山脉；5000万～2500万年前，形成了阿尔卑斯山脉，还有高加索火山的最后一次爆发，以及喜马拉雅山山峰的隆起。

然后，史前时代到来了：100 万年前，进入了冰川时代；80 万年前，出现了人类；2.5 万年前，冰川时代的最后一个时期；公元前 10 000 年到公元前 8000 年前，出现了埃及文明和巴比伦文明；1950 年前，我们的纪元开始了。

尽管现在的地球钟还不太准确，但我们总算找到了测量地球年龄的方法。既然揭开了时间的秘密，给化学家一块石头，他们就可以说出这块石头的年龄，测量出石头生成的时间。

从时间上我们看到了化学的变化，我们知道原子不是不变的，而是时时刻刻在发生变化，有的在死亡，有的在新生，这些变化构成了化学史。我们可以根据原子的变化更好地认识这个世界，利用它测量地球的年龄。

二、自然界中的化学元素

2.1 组成地壳的主要物质——硅

硅和硅的化合物

茹科夫斯基在一首叙事诗中说,有一个外国人来到了荷兰的阿姆斯特丹,见到人就问商店、房子、船、土地等是谁的,答案全都是康·尼特·弗士唐的。这时,这个外国人很羡慕这个人,因为这个人非常富有,拥有无数的财富。其实,那句荷兰语的真正含义是"我听不懂你所说的话"。

只要有人说起石英,我就会想起这个故事。我见过各种各样的东西:在阳光下犹如气球一样透明的球体,多种色彩的玛瑙,闪闪发光的蛋白石,海岸上的沙子,用石英做成的耐热的容器,雕琢后的美丽水晶,充满神秘色彩的碧石,成为燧石的木化石,经过加工的箭头,等等。这些东西都是由石英或者是类似石英的物质组成的,是硅元素和氧元素的化合物。

硅的化学符号是 Si,在自然界中的分布非常广泛,近似于排名第一的氧元素。自然界中不存在游离的硅元素,它总是和氧元素在一起,构成化合物二氧化硅(SiO_2),也就是我们所说的硅石。

一说起硅,首先想到的是燧石,这是一种很硬的矿物质,用铁敲打可以冒出火星。早期的人们用燧石来取火,后来把它放在燧发枪里用来点火药。

不过,燧石并不是我们所说的硅,而是一种不太重要的硅的化合物。硅则是一种非常重要的化学元素,不但广泛分布在我们的周围,而且在工业上有着重要的用途。

硅和硅石

在花岗岩中,硅石的含量大约是80%,也就是说,硅的含量将近40%。而且,大部分坚硬的岩石是硅的化合物。装饰莫斯科旅馆的花岗岩,盖房子用的钠钙斜长石里面暗蓝色的斑点等,里面都含有硅元素。总之一句话,在地球上所有的坚硬的岩石中,硅的含量都高于三分之一。

大海旁边的沙子,厚厚的砂岩和页岩,还有普通的黏土,它们的主要成分都是硅。所以说,硅在地壳中的含量占了30%左右,在地面往下的16千米中,硅和氧的化合物高达65%,这就是大家所熟悉的硅石(SiO_2),也叫做石英。矿物学家和地质学家发现,天然硅石有200多个变种,得有100多个名字来标示这些不同的变种。

只要谈起燧石、石英和水晶,就不得不提到二氧化硅。我们所喜爱的紫水晶,美丽的光玉髓,黑色的缟玛瑙,各种各样的碧石、砥石,甚至是普通的沙粒,这些都与二氧化硅有着密切的关系。硅石的种类繁多,想要熟知硅的这些化合物,需要好长的时间来研究。

不过,自然界中的另一些化合物,是硅石和氧化物结合在一起形成的。这样的新生物质有好几千种,统称为硅酸盐。

在生活和建筑上,我们会用到硅酸盐,最重要的还是黏土和长石。可以用来制作陶瓷、陶器、玻璃,用在我们的日常生活中;还可以用来制作混凝土,用来铺设公路、街道,搭建屋顶等,在建筑业上发挥作用。

硅和硅石的性质多种多样,在人们的生活和生产中发挥着重要的作用。

动植物体内的硅

随着科学技术的进步,二氧化硅的用途越来越广泛,在很早之前,二氧化硅就在动植物的生长中有着重要的作用。只要植物的茎和穗长得比较结实,那里的土壤中就含有较多的硅石。我们知道，像木贼这样茎非常结实的植物燃烧后的灰里含有大量的硅石，这种植物在很早的地质时代长得茂盛无比，高达好几十米，就像现在苏呼米和巴统公园中的参天竹子。由此可知，自然界把机械强度和物质本身很好地结合在了一起。

茎长得非常结实，不但有利于植物的穗的生长，对植物的其他部分也有好处，使植物能够抵抗风吹雨打，保护好脚下的土壤。

当运送各种花和观赏植物时，为了使植物的茎挺直，常常要在盆子里放一些容易溶解的硅酸盐。这样一来，植物吸收了硅石后，茎就会坚硬、挺直。

有一种非常小的植物，它的名字叫硅藻，不仅茎是硅石构成的，就连骨架都是。另外，500万株这样的小植物才可以构成一立方厘米的岩层。

更奇妙的是，某些动物的躯壳也是由硅石生成的。在动物发展的不同阶段，生成坚硬躯壳的方法也不同。有时是用石灰质做成的贝壳，有时是磷酸钙，还有的时候用坚硬的骨架来保护自己，虽然构成这种骨架的物质多种多样，但共同的特点是坚硬、结实。有的动物用磷酸钙来生成自己的躯壳，有的是用硫酸钡和硫酸锶，还有几种动物用的是坚硬的硅土。有一种动物叫放射虫，它的躯壳就是用针状的硅石构成的。

有几种海绵，它们的躯壳上有坚硬的骨针，而骨针就是由硅石组成的。

在自然界中，硅石可以生成各种各样的坚固性防御物质，用来保护柔软的、容易受到伤害的细胞。

为什么硅的化合物非常坚固？

近几年，科学家一直在研究这个问题，为什么动植物的外壳、岩石、器皿等物质中，只要有了硅元素就会坚硬无比呢？

X射线专家的慧眼发现了这个问题的答案，看透了硅的底细，解释了硅的化合物为什么那么坚硬。

原来，硅是由非常小的带电离子组成的，这种离子的大小仅仅是25 000万分之一厘米。这些离子很容易和氧离子结合，由于氧离子比较大，所以把硅离子包围在中间，周围是四个氧离子，形成了特殊的几何形体——四面体。

所有的四面体按照不同的规则结合在一起，形成了复杂的结构，这种结构难以压缩或者是弯曲。当然，想要氧原子和硅原子分开，更难以办到。

研究后发现，四面体的结合方法有好几千种。

有时候，四面体之间会有其他带电的粒子；有时候，四面体是带状或者是片状的，可以形成黏土和滑石。不过，无论何时何地，它们的结构都是结合在一起的四面体，这是永远不会改变的。

对有机化学来说，碳氢化合物多达几十万种，同理，在无机化学上，硅和氧也有几千种结构，研究表明这些结构是非常复杂的。

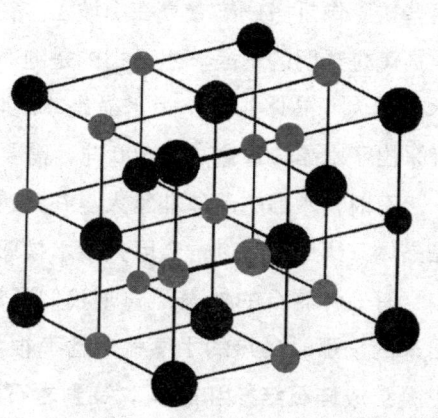

石英中氧原子（黑球）和硅原子（灰球）的排列情况，每个氧原子连着两个硅原子，这就是硅的化合物的结构骨架

不但机械方法破坏不了硅石，而且坚硬的钢刀也不行。另外，硅石的化学性质非常稳定，只有氟氢酸可以溶解它，其他的酸都不行，强碱也仅仅能够溶解一点点，生成新的物质。在1 600℃到1 700℃的高温下，硅石才会熔化成液体。

这样说来，我们认为硅石和硅石的化合物是构成无机世界的基础，也是理所当然的。现在，已经有一门科学在专门研究硅，而地质学、矿物学及建筑方面的发展，也离不开硅这种物质。

地壳中的硅

在地壳深处，熔化的岩浆中的主要成分就是硅和各种金属。如果熔化的岩浆凝结在地下深处，就形成了花岗岩和辉长岩；如果来到地面上，就成了熔岩流，最后变成玄武岩等复杂的硅石化合物。当硅的含量很高的时候，就形成了纯粹的石英。

地下深处的岩浆最后冷凝的部分形成了致密的烟晶，这就是花岗岩中极短的石英晶体。烟晶也叫"烟黄玉"，当把它加热到300℃到400℃的时候，就会生成"金黄玉"，可以制作小珠子或者胸针等饰物。

在石英矿脉中，到处是洁白的石英。我们知道，有些矿脉绵延好几百千米，有些矿脉像灯塔一样矗立在山坡上。在乌拉尔山，有好几百千米长的石英矿脉，里面满是透明的水晶。水晶指的是纯净、透明的石英，希腊哲学家亚里士多德把水晶称为"晶体"，认为水晶是冰的化石。17 世纪时，从瑞士的阿尔卑斯山中开采出了水晶，重量高达 500 吨，需要用 30 节车厢的火车来运输。

有时，水晶的晶体非常大。在马达加斯加岛上，曾经发现了一个 8 米长的水晶晶体；缅甸出现过一个巨大的水晶球体，直径大约是 1 米，重 1.5 吨。

有一种硅石的外表不同于我们通常所说的硅石，它从是熔化的岩浆里沉淀出来的，那时炙热的水蒸气中含有很多硅石，它就在矿脉里或者是气体的空隙中凝结成硅石结核和晶洞。等到岩石遭到破坏，形成黏土、砂石时，硅石就会滚落下来。

在美国的俄勒冈州，这种硅石被称为"大蛋"，可以用来制作美丽的层状玛瑙，钟表或者精密仪器上的"钻"，天平的棱柱，化学实验中的小臼等。有时，当火山停止喷发，喷出物已经凝结后，温泉可能把硅石带到地面上来。在冰岛和美国的黄石公园中，有一种很常见的蛋白石，就是被温泉带出的硅石沉积而成的。

波罗的海和北海的海滨上是白色的沙丘，中亚和哈萨克斯坦有着广阔的沙漠，都是石英组成的沙却各不相同，正是这种不同决定了海岸和沙漠的特性。在这些沙中，有的被红褐色的铁的氧化物包裹着，有的含有比较多的黑色燧石，还有的被海水冲洗得白白净净。

我们可以用水晶制作出各种各样的精致物品。通过雕刻工具和金刚砂粉，中国的工匠可以把水晶雕刻成小花瓶或者是吉祥物龙，但需要花费几年甚至是几十年的时间。

我们知道玛瑙的颜色多种多样，有好看的颜色，也有不好看的颜色。科学家发现，把灰色的玛瑙放在某种溶液里，它就会变成洁净的、颜色好看的玛瑙，用来制作精致的饰品。

还有更惊奇的景象：在美国的亚利桑那州，有一片古代的森林变成了木化石；在乌克兰西部几个省和南乌拉尔西部沉积的岩层中，远古时期倒下的树木变成了硅石质的物质玛瑙。

有一种可以变化颜色、闪光的石头，就像是猫的眼珠；还有一种神秘的晶体，内部仿佛可以发光。这种矿物是金红石，它犹如丘比特的箭横七竖八地穿过水晶的身体。还有一种金色的矿物，好像是维纳斯的头发，我们称之为发晶。另一种石头的内部有空隙，里面填充着水，水在不停地跳动着。

还有一种可以弯曲的岩石管子，是石英颗粒受到闪电的作用形成的，叫做闪电熔岩，也称为"天箭"或者"电箭"。在穿过澳大利亚、印度、菲律宾的长形地带中，发现了含有硅石的陨石，就像是绿色或者棕色的玻璃。

这些神秘的"玻璃"引来了无数的争论。有人认为这是古代人熔化玻璃遗留下来的，有人认为这是地球上尘埃熔化后形成的，还有人认为这是陨铁落在沙子上后，沙子受热熔化形成的。不过，大部分的科学家都觉得，这是从天上掉下来的颗粒。

硅和石英在文化史和技术史上的作用

在前面我们讲述了硅、石英及它们的化合物的知识，从地球炙热的内部到坚硬的表层，从宇宙空间到马路上的砂石，随处可以见到硅和石英的影子，它们是世界上分布最广泛的矿物之一。

关于石英的历史，我们说得已经不少了，但我还想多说一些，主要是文化史和技术史上的意义。原始人最初是用燧石和碧石制造工具的，埃及人是用石英来装饰古老的建筑的，美索不达米亚残存的苏马连文化遗物中也有石英的遗迹，公元前 1 200 年的东方人把沙和碱融合在一起制造玻璃，这些是最原始的文明。

早在 5 500 年前，人们就开始磨制水晶了，而波斯人、阿拉伯人、印度人、埃及人拓展了水晶的使用范围。在几个世纪里，古希腊人一直认为水晶是冰的化石，是神把冰变成了石头。

关于水晶，古人想出了许多奇妙的故事，《圣经》中也有水晶的记录。据说，在耶路撒冷建造所罗门寺院时，使用了各种各样的水晶矿石，有玛瑙、紫水晶、玉髓、缟玛瑙、鸡血石等。

15 世纪中叶，出现了水晶加工业，人们把水晶切割、研磨、上色，制作成精美的工艺品。不过，只有个别的手工业者在做这件事，后来新技术的出现扩大了水晶的使用范围和规模。在现代工业中，无线电技术就要使用水晶，用压电水晶片来检验超声波，然后把超声波变成电振动。而且，水晶也是工业上的重要原料。

以前，人们用水晶雕刻成精美的笛子和透明的水壶；后来，石英有了新的用途，制作成石英片用在无线电上，造就了人类史上的伟大发明——把电磁波传到远方。

不久后，化学家制造了纯水晶。把液体玻璃装到一个大桶里，在高温高压下，把一根细银丝伸到桶中去，细银丝上就会出现水晶晶体。这种晶体可以用来制作无线电使用的水晶片，也可以做成玻璃或者器皿。

适量的紫外线照射对人体有好处，但阳光中的紫外线不能穿透普通玻璃，却可以穿透人造水晶玻璃。将来，还会出现用熔化的石英做成的水杯，这种杯子在电磁炉上烧到炙热之后，立刻放上冷水也不会破裂。

石英可以做成非常细的丝，五百根石英细丝才像火柴杆这么粗，这种细丝可以用来制作柔软的衣服。这说明，硅石不但可以是坚硬的材料，也可以是柔软的衣服，用来保护人体。

有了新的技术，石英的用途越来越广泛：化学家用它制作温度计来测量陆界作用的温度，物理学家用它来测量电磁波的波长，它在不同的工业部门中有不同的用途。可以预见，在我们未来的生活中，石英将会是不可或缺的物质。

化学家和物理学家把硅原子研究得越透彻，越容易在硅的科学史上和技术史上写下光辉的一页，同时也是地球史上令人惊奇的一页！

2.2 生命的基础——碳

我们非常熟悉各种颜色的金刚石、灰色的石墨和黑色的煤炭，虽然它们的形状不同，但它们都是由碳元素构成的。

碳在地球上的含量比较少，在地壳中仅仅占了1%，但它在地球化学上有着重要的意义，和生命紧密相连。

在地壳中，碳的总量是45 842 000亿吨，我们看一下它的分布情况：

活的物质中	7 000亿吨	土壤中	4 000亿吨
泥炭中	12 00亿吨	褐煤中	21 000亿吨
烟煤中	32 000亿吨	无烟煤中	6 000亿吨
沉积岩中	45 760 000亿吨		

此外，大气中碳的含量是 22 000 亿吨，海洋中的含量是 1 840 000 亿吨。

只要是活的物质中就一定含有碳，碳是作为一门化学在研究的，我们也来了解一下碳的历史吧。这种元素的发展历程是怎样的，它又产生过怎么的变化呢？

从现在的研究深度来说，熔化的岩浆是碳的第一个阶段。我们知道，熔化的岩浆会在地下深处或者是山脉中凝结成岩石，这些岩石中的碳有时候聚集成片状或者球状的石墨，有时候生成坚硬的金刚石。不过，大部分的碳没有凝结在岩石中，而是跑掉了：一部分生成了容易逸散的烃和碳化物，聚集成了石墨，例如，斯里兰卡岛上就有这样的石墨；另一部分碳和氧结合后，生成了二氧化碳，跑到空气中。

研究表明，地下深处的硅酸不能让二氧化碳生成碳酸盐，所以，在火成岩的矿物中从来不含二氧化碳。不过，火成岩会把二氧化碳截留在岩石的缝隙中，就像截留含氯的溶液那样，导致了大量的二氧化碳留在岩石的缝隙中，大约是二氧化碳在空气中含量的五六倍。

不但活火山里含有二氧化碳，就连第三纪时熄灭的死火山中也常有二氧化碳冒到地面上来：有时和其他逸散的化合物凝聚成气流，有时和水混合在一起形成碳酸矿泉。

这种矿泉水可以治病，所以人们在泉水附近开设了一些疗养院和水疗院，在高加索就是这样。在这种水中，二氧化碳的含量是过饱和的，经常会有二氧化碳的气泡冒出来，好像是水在沸腾。

不过，如果你想在乌拉尔找到这种碳酸矿泉，那是不可能的。因为乌拉尔山脉比高加索山脉出现得早得多，在山脉形成的时候地下的岩浆就已经凝固了，从而导致了这两地水的成分不同。

高加索地下深处还保留着热源，热源附近的岩石都含有二氧化碳，当岩石受热后，一部分二氧化碳就会变成气体跑出来，跟附近的泉水一起涌出地面。当地下的二氧化碳气流喷得很凶猛时，就会在喷出口形成云雾和固体状的二氧化碳"雪"。其实，可以把二氧化碳气体压缩成固体，这就是我们所说的干冰，在工业上有着重要的用途。

地球上有过这样的时期，火山非常活跃，喷发出大量的二氧化碳；还有这样的时期，长得异常茂盛的植物大批死亡，然后变成了天然状态的碳。就规模而言，碳在然界中的作用比工业上的要大得多。

活火山爆发时会喷发出大量的气体,主要是二氧化碳,例如维苏威火山、埃特纳火山、阿拉斯加的卡特迈火山,等等。

二氧化碳来到地面上以后,开始参与许多化学反应,进行各种破坏。在地下时,硅酸占据着统治地位,来到地面上就是二氧化碳的天下了:它破坏火成岩,腐蚀金属物质,与钙、镁化合后生成石灰岩、白云岩。在海洋、江湖中含有大量的碳酸盐,有些生物就利用这些碳酸盐来生成自己的外壳,珊瑚虫就是其中之一。

碳在地面上的缓慢反应有着重要的意义,不但可以影响地面上的气候,还控制着生物界的演变。

我们想象一下,如果地球上没有碳会变成什么样子呢?没有树,没有草,到处都是荒芜的,不但没有植物,而且没有动物。那时,地球上就只剩下各种岩石构成的光秃秃的峭壁和一望无际的沙漠,也没有了把大地装点成白色的大理岩和石灰岩,更没有煤、石油等燃料。由于没有了二氧化碳,地球上的温度会降低一些,因为空气中的二氧化碳可以吸收太阳中的光能。

如果没有了碳,水也会变得死气沉沉的。

碳的化学性质很特别,它是所有的化学元素中唯一一个能够和氧、氢、氮及其他元素生成多种化合物的元素。化学家把和碳反应生成的化合物叫做有机化合物,其中一些化合物又可以生成复杂的蛋白、脂肪、糖、维生素等有机物,这些有机物在生物的组织和细胞中有着重要的作用。

从"有机化合物"这个名词中可以看出,人先从动植物体内提取出了糖、淀粉等碳的化合物,后来学会了用人工方法合成这一类物质。有一门学科专门研究碳和碳的化合物的合成、分解问题,这门科学叫做有机化学,已经知道了100多万种有机化合物。在自然界中,无机化合物的种类还不到3000种,实验室中能够合成的也仅仅是3万种而已,通过比较我们很容易发现,有机化合物比无机化合物多得多。

由于有机化合物的种类繁多,所以它们的名字越来越长,也越来越复杂。例如著名的抗疟疾药"阿的平"的全名是:甲氧基-氯二乙氨基-甲丁氨基-吖啶。

碳生成的化合物的种类决定了世界上动植物的品种,因此,世界上的动植物的种类也是多种多样的,至少有几百万种。

不过,这并不是说碳是生物体中的主要成分。在活物质中,最主要的成分是水，大约占到 80%，碳仅仅占了 10%，其他的化学元素占了剩余的 10%。

我们知道，生物体有摄取养分、发育、繁殖的能力，这些过程中都有碳的参与。在春天，池塘里会长出水藻和其他的植物；到了夏天，这些水藻就会长得非常茂盛；秋天的时候，水藻就变成了暗褐色沉到池塘的底部，聚集成含有机物的淤泥。在后面我们会讲到，这些淤泥就是"煤泥"的前身，而"煤泥"是提炼汽油的原料。

众所周知，动物会呼出大量二氧化碳。例如，人的肺泡的面积大约是 50 平方米，一个人每昼夜大约呼出 1.3 千克的二氧化碳，全人类每年呼出的二氧化碳的量大约是 10 亿吨。

在地底下还有许多化合状态的二氧化碳，这就是石灰岩、白垩岩、大理石等矿物，这些矿物生成了厚厚的岩层，几百米甚至是几千米。如果把这些石头中含有的碳酸钙和碳酸镁分解，然后把释放出的二氧化碳放到空气中，那么，空气中二氧化碳的含量会增加 25 000 多倍。

空气中的二氧化碳有一部分溶解到海洋的水中，水中的植物可以吸收二氧化碳，当海水中二氧化碳的含量减少后，空气中的就会补充到水里。这样一来，海水就像是一个巨大的泵，可以源源不断地吸走空气中多余的二氧化碳。

植物可以吸收二氧化碳，这是二氧化碳在活物质内部循环的开始。在阳光的照射下，绿色植物的叶子可以吸收二氧化碳，在体内把它变成复杂的有机化合物，这就是光合作用。在这个过程中，光和植物体内的叶绿素起到了重要作用。俄罗斯著名的科学家季米里亚泽夫深入研究光合作用，首次阐述了光合作用的重要意义。由于光合作用，全世界的植物可以吸收大量的二氧化碳，但空气中二氧化碳的含量没有发生变化，因为动植物呼出的二氧化碳及时补充到了空气中。

光合作用生成了植物体的有机组织，保证了植物的正常生长，也为动物提供了足够的食料，推动了自然界的发展。再把由腐烂的植物体生成的石油和煤考虑进来的话，那么，光合作用在地球化学上的意义显而易见。仅仅从地球化学的角度来说，光合作用是地球上最重要的一个作用。

我们刚才说过，二氧化碳在植物体内变成了有机化合物，而植物提供了动物的食料，然而，碳的循环并没有在动物体内终结。生物体死掉后，尸体就在池塘、湖泊、海洋的底部沉积，变成了泥炭。残存的生物体在水的作用下腐烂、变质，微生物也可以改变生物体原有的组织成分。在生物体中，最不容易改变的是植物

露天开采煤

的纤维素和木质。

在海底变成泥炭的植物体,受到热力和压力的作用,再经过复杂的化学变化,逐渐形成了煤或者石油。

残存的植物机体被分解之后,形成三种形式的碳:无烟煤、烟煤、褐煤。

其中,无烟煤的含碳量最多。用显微镜观察后会发现,烟煤和褐煤是植物性物质,都是经植物变化生成的。这两种煤都是层状的,层与层之间还有叶子、孢子、种子的影子,用肉眼就可以看出来。每一块煤中的碳都是植物通过光合作用吸收的二氧化碳中的碳,经过了无数次的变化,最后成了煤中的碳。

每一块煤中都有被捕捉的太阳光线,这句话是很有道理的。在植物进行光合作用的时候,植物把太阳光线捕捉到自己体内,在后来的一系列变化中改变了形态。在现代工业上,煤有着重要的作用,它的热能可以烧热工厂的锅炉,推动机器的运转,促进工业的发展。

在全世界,每年开采出来的煤的总量超过10亿吨,远远高于其他矿物的开采量。从勘测到的煤的储量来说,苏联排名第二,但苏联的工业在飞速发展,虽然煤的储量很多,也仅仅能够使用一两百年而已。

所以,苏联的人们依然要继续勘测本国的资源,希望可以找到更多的煤炭资源。煤不但可以燃烧发热,还可以提取其他的物质,例如苯胺染料、阿司匹林、消发灭定等，这些产物是碳的化学的基础，还可以推动化学工业的发展。

植物体的组织细胞会变成煤，比较简单的植物和孢子就变成了石油。石油是一种可燃性气体，比煤的价值还大。开采出来的石油经过提炼和蒸馏，可以得到纯净的汽油，这是现代交通工具的必需燃料，船舰、飞机、轮船都离不开它。虽然有些煤可以提炼出汽油，但煤的含量有限，而且提炼出来的汽油量少、杂质多。为了开采石油，人们钻凿了好多处几千米深的油井，从地下取出这种珍贵的液体。

有了油井，就可以连续不断地开采石油。在地面上，有一些三四十米高的高塔，这就是油井架，高高地矗立着。高加索、乌拉尔西部（巴什基尔共和国）、中亚、库页岛都有这样的油田，伊朗、美索不达米亚等地区也有储量丰富的石油矿床。

把煤和石油开采出来的时候，就把地下的碳带到了地面上，这是人为的，为

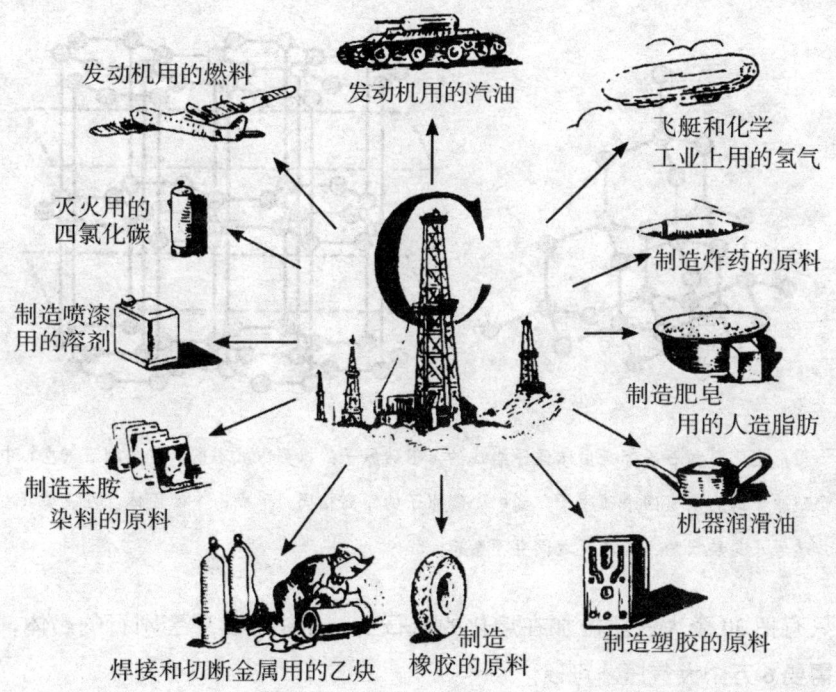

石油在生产上的应用，石油经过化学作用可以生成多种产物，图中只给出了一部分

了人类的生存和发展。为了工业和生活的需要，每年有7亿多吨煤被烧掉。

在这个过程中，不仅放出了大量的热能，还产生了大量的水和二氧化碳。

人和自然界不停地斗争，人们让碳氧化，而自然界就把化合物的碳变成游离的碳。

在前面我们就说过，碳的形式有三种，除了煤之外，还有金刚石和石墨。金刚石能够闪闪发光，是一种非常贵重的东西；石墨是普通的灰色物质，可以用来写字，两者有着巨大的差别。一般情况下，当物质的成分不同时，我们就说它们的性质不同。不过，金刚石和石墨却不一样，它们的性质不同是因为晶体中碳原子的排列方法不同。

金刚石里面碳原子排列比较紧凑，所以金刚石的硬度和密度都比较大，折光率也比较高。

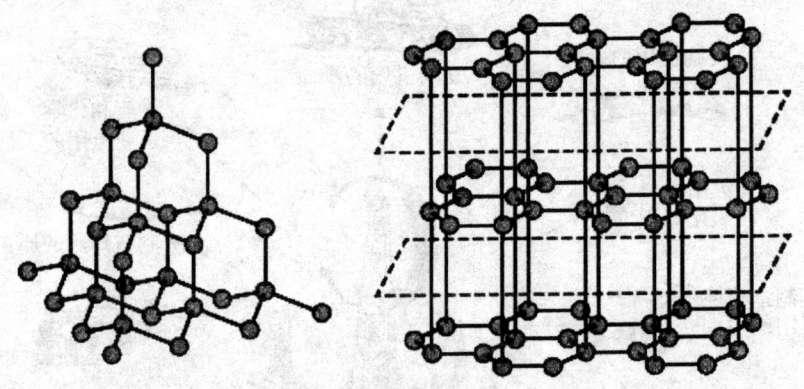

虽然金刚石和石墨都是由碳原子组成的，但碳原子的排列方式不同。在金刚石（左）中，每个碳原子的周围有四个碳原子，到中心碳原子的距离相同，形成一个四面体，在石墨（右）中，碳原子是层状的，层与层之间并不紧密

只有把30个大气压施加在熔化的岩石上，才能够出现金刚石的晶体，有时甚至需要6万个大气压才可以。

在地下60~100千米的深处，才存在这么大的气压。这里的岩石很难钻到地面上来，从而导致金刚石的数量非常稀少。由于金刚石的硬度大，又能够反光，所以它的价值非常高，在所有的宝石中居首位。琢磨后的金刚石就是我们所熟知的钻石。

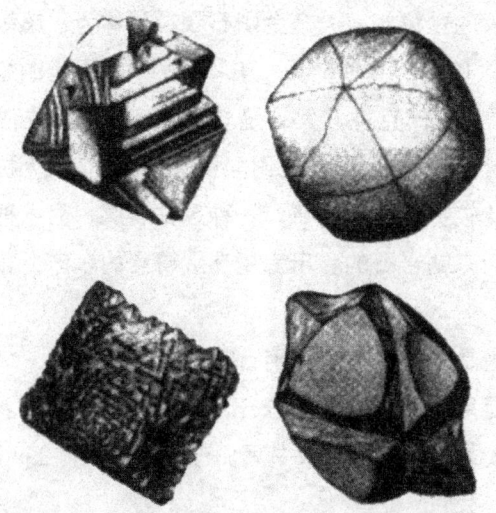

1911 年，费尔斯曼绘制的金刚石原状图

自古以来，印度一直以出产金刚石著名，这里的金刚石是从沙子中开采出来的。后来，巴西、非洲、苏联先后发现了有金刚石的沙地。现在，出产金刚石最多的地方是非洲，奥兰治河右岸的支流——瓦尔河流域。

开始时，只在瓦尔河河谷的沙地里开采金刚石，后来发现在距离河很远的小山坡上的蓝色黏土中也有金刚石。于是，就出现了"金刚石狂热病"，许多人开始购买蓝色黏土，这里的地价一下子升高了几百万倍。把地买到手之后，人们就开始挖坑，不停地开采矿石。在矿坑与地面之间，架设了许多道路，把开采出来的珍贵的黏土运送出去。

不过，不太深的时候就把黏土挖没了，下面是坚硬的绿色角砾云母橄榄石。虽然这种岩石里面也含有金刚石，但难以开采，作业方法复杂，代价也高，所以人们就不再挖了。停顿了一段时间后，资本雄厚的股份公司继续开采，使用的是竖坑作业方法。

含有金刚石的岩石位于地下深处，一般人不能到达那样的深度。以前火山爆发时，地下深处出现了孔道，这种岩石填充在孔道里。

火山爆发会形成漏斗状的火山口，已经发现了 15 处，最大的直径长达 350 米，其余的在 30~100 米之间。

角砾云母橄榄石中的金刚石颗粒非常小，重量还不到 100 毫克（半克拉）。

不过，有时也会出现大的颗粒。有一个金刚石颗粒被称为"超级钻石"，它的重量是972克拉，也就是194克。1906年，开采出了一颗更大的金刚石，被命名为"非洲之星"，重量是3 025克拉，大约是605克。一般来说，金刚石的重量超过了10克拉，价值就很高了，也很难见到。重量在40~200克拉的钻石，就是极名贵的了。还有两种比较特殊的金刚石，一种是钻石屑，另一种是黑金刚石，它们的价值也很高，是用来钻岩石的。用来制造金属丝的车床上，需要安装颗粒比较大的金刚石。

我们知道，石墨也是碳，但它和金刚石千差万别。

石墨中的碳原子是层状的，很容易分开，一点儿也不坚固。石墨不透明，有着金属光泽，质地比较柔软，可以用来书写。它难以氧化，在高温下也没有变化，所以很耐火。

有两种情况可以生成石墨：一种是生成火山岩时，岩浆中的二氧化碳分解形成；另一种是由煤变成。西伯利亚矿床是第一种情况，西伯利亚的火成岩里面含

世界上最重的钻石。上排从左到右：蒙兀儿大帝，加工前重780克拉；奥尔洛夫，重194克拉；摄政王，重137克拉。下排从左到右：仙希，重140克拉；第一次琢磨和第二次琢磨的柯依努尔，重量分别是186克拉和106克拉

有纯净的石墨晶体。叶尼塞河流域也有石墨矿层，这里的石墨是煤变成的，所以里面的灰比较多。

我们写字用的铅笔，就是用石墨制成的。在制造铅笔芯时，把石墨和黏土混合在一起，黏土的多少决定了笔芯的软硬，黏土越多，笔芯就越硬。把制作好的笔芯放在木条里，然后把木条胶合起来，这就是一支完整的铅笔。不过，用来制作铅笔的石墨仅仅占了5%，量是非常少的。石墨主要用来制造冶炼上等钢的耐火坩埚，电炉里的电极，机器中不断受到摩擦的零件，等等。石墨粉可以撒在沙箱上。

我们还有一部分二氧化碳没有说，那就是形成石灰岩、白垩岩、大理岩的那部分二氧化碳。

这部分二氧化碳是怎么形成的呢？这个问题不难回答，把一些白垩粉放在显微镜下观察一下就知道了。在显微镜下，我们可以看见微小的古代生物世界。我们可以看到很多圆圈、棍棒、晶体，它们非常小，样子很可爱，这是微小生物根足虫的石灰质骨架。现在，在热带的海水中还有这类小动物。根足虫的骨架中含有碳酸钙，等到根足虫死后，大量的骨架聚集在一起，这样就形成了岩石。不过，生成石灰质岩石的骨架不仅仅是这一类微小生物的骨架，还有其他含有碳酸钙的

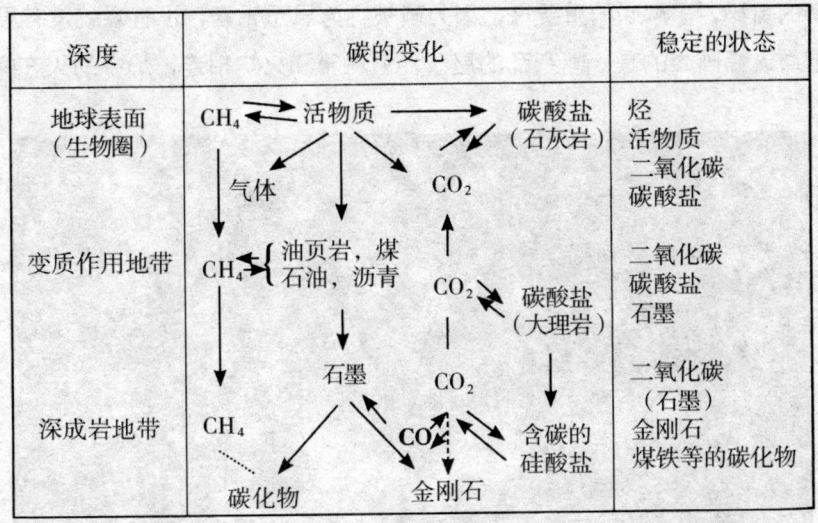

地球化学上的碳循环

动植物骨架,这些骨架在岩石中也可以发现。

科学家根据石灰岩中的动植物残骸,可以判断出这些岩石是何时生成的。

最近研究发现,地球上煤和石油的储存量与石灰岩的储存量之间有着一定的比率,这个比率已经可以计算出来了。

因此,根据各个时期生成石灰岩的量,可以计算出煤和石油的生成量。这项研究有着重大的意义,即使计算出来的数值和真实值有着微小的差距。

年代久远的石灰岩,在受到高压时变成了大理岩,大理岩中没有有机体的微小痕迹。大理岩中沉寂了千百万年的二氧化碳,不参与碳的循环。只有大理岩附近发生火山爆发,大理岩受热后才会把体内的二氧化碳放出来,然后二氧化碳加入到碳的循环中。

由此可知,地球上的各种化学变化都在循环着,自然界在各种循环中保持着平衡。

2.3 思想的源泉——磷

在自然界中,磷是一种神奇的元素,我们通过两个故事来了解磷的历史。第一个故事发生在17世纪末,第二个是现代的,离我们比较近。我们在故事中去探索磷的奥秘,了解磷的重要性,因为磷被称为思想元素,没有磷就没有思想。

下面这幅画画的是一间杂乱的屋子,大风箱和火炉相连,炉中的火在燃烧,

中世纪的炼金实验室

冒出缕缕青烟。桌子上和地上放着旧书，书的封面是厚皮做的，书中有着神秘的标记。地上还有用来碾碎盐的大钵、成堆的沙子、人的骨头、容器；桌子上有精巧的玻璃、闪亮的水银滴、曲颈甑及各种颜色的溶液。

这就是古时的炼金实验室，一个炼金术士正在进行研究，他在寻找把水银变成金子的方法，也就是把一种金属变成另一种金属。

他想尽办法溶解各种粉末和人的骨头，还把人和动物的尿蒸发掉，希望炼制出"哲人石"。这种哲人石可以把普通的金属变成昂贵的金子，还可以使人返老还童。

在 17 世纪，炼金术士就是在这种实验室里来研究化学问题的。不过，把水银变成金子及从骨头里提炼出哲人石的想法是永远不会实现的。有些人坚持不懈地进行了几年，还是没有任何进展。实验室越来越隐秘，炼金术士把秘方写在本子上藏起来。

1669 年，汉堡的一个炼金术士为了制造哲人石，把新鲜的尿液蒸发，然后把得到的黑色物质加热。刚开始用小火加热，接着用猛火，他发现在盛着黑色物质的管子上部出现了白色蜡状物质，而且这种物质可以发光。

这个炼金术士叫布兰德，他一直严密保护着自己的发现，不让任何人进入实验室。这个发现在 17 世纪引起了很大的反响，有权势的贵族都到汉堡来找他，想要用钱买这个秘密，许多科学家认为这就是所谓的哲人石。这种哲人石可以发出冷光，人们把这种光叫做"冷火"，发光的物体叫做"磷"（磷的希腊文意思是"带光的"）。

英国著名的化学家波义耳一直在关注布兰德的发现。不久后，波义耳在伦敦的一个门生兼助手也制出了磷，方法很好，报纸上有这样的说法：

"住在伦敦某大街的化学家汉克维兹，能够制造出各种各样的药剂。而且，伦敦只有他会制造各种磷，每英两的售价是 3 金镑。请各界爱好者注意。"

直到 1737 年，磷的制法还是炼金术士之间的秘密，一直没有公开过。可是，炼金术士也无法利用这个神奇的元素。他们认为发光的黄磷就是哲人石，想用哲人石把银子变成金子，这个想法始终无法实现。哲人石并没有炼金术士想象的那么神奇，它不但没有把普通金属变成金子，有时还会发生爆炸，把炼金术士吓坏了。所以，磷依旧是没有用途的神秘物质。二百年后，化学家李比希发现，磷和

罗伯特·波义耳（1627—1691），英国著名科学家，在物理和化学上有着杰出贡献

磷酸对植物有着重大的意义，才明白磷的化合物是田野生命的基础。于是，他觉得应该把"冷火"撒到田野里，用来提高农作物的收成。

不过，李比希的话得不到人们的信任，他的想法无法实施。李比希想用硝石作肥料，从南美洲用船运来了硝石，由于找不到买主，最后把硝石扔到了大海中。磷盐可以提高小麦、黑麦的收成，可以让亚麻的茎长得很好，但当时的人们不懂，都认为这是不可能的。经过科学家的不懈努力，磷在许多年后才能为国民经济上不可缺少的元素。

尤斯图斯·冯·李比希男爵（1803—1873），德国化学家。他创立了有机化学，并发现了氮元素对植物的重要性，被称为"化肥工业之父"

第二个故事发生在 1939 年。在苏联北部的山坡上，有着大量的浅绿色的磷灰石，这是一种珍贵的矿石。这里的磷灰石很多，可以和地中海沿岸、非洲、佛罗里达的纤核磷灰石相提并论。把绿色的磷灰石送到矿厂中碾碎，去掉有害成分后研成白色的粉末，那粉末像面粉一样细腻、柔软。然后把粉末装到火车上，运送到圣彼得堡、莫斯科、敖德萨、维尼察、顿巴斯等大城市的工厂中去，在这里让它和硫酸反应，生成能溶解的磷酸盐，制成配料。把磷酸盐撒在田地里，可以让亚麻的产量提高一倍，甜菜的糖分更多，增加棉花的棉桃，青菜长得又多又好。

于是，磷元素进入到田间的农作物中，钻入我们食用的物品中。经过计算得知，在我们吃的 100 克的面包中，大约有 10^{22} 个磷原子，这是一个非常大的数字，很难形象地表示出来。

前面我们讲的是苏联磷矿石的主要来源，是希比内山脉的磷矿石。虽然科拉半岛的磷矿石非常丰富，但还是无法满足苏联的需求，而且还有运输问题。整车

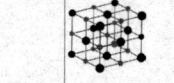

整车的磷矿石被运往西伯利亚、哈萨克斯坦、中亚，但还是不够。于是，就要依靠新勘探出来的磷矿石来补充。在苏联、欧洲的一些地方已经发现了纤核磷灰石，正在大量开采着；在西伯利亚和中亚也发现了纤核磷灰石。在苏联，人们还在继续勘探新的纤核磷灰石，一有发现马上就开采。纤核磷灰石给苏联带来了几千万吨的肥料，把生命的力量带给了农庄和果园，让农作物充满了生机活力。

在前面，我们描述了磷的历史，讲到了磷的发展和用途。全世界每年要制造1000多万吨的磷肥，这里面含有200万吨的磷，全部都撒在了田地里。

不过，磷除了做肥料，还有其他的用途。随着工业的发展，磷的作用也越来越广，在20多个工业部门中发挥着作用。

在这一节的开头我们就说过，磷是思想元素，这表示在我们的大脑中含有磷，而且在大脑的工作中有着举足轻重的地位。另外，我们的骨骼中也有磷，它决定了骨骼细胞的生长，我们的正常发育，有了磷我们才能长得健康、结实。如果我们的食物中缺少磷，我们的机体就会衰弱。因此，身体虚弱的人或者病人需要服用含磷的药物。不但人需要磷元素，动植物也需要。现在，磷肥不但可以使陆地的土壤肥沃，还可以使海水肥沃。在海湾中撒上磷肥，可以促进水藻和微生物的繁殖，结果就提高了鱼的产量。有人曾经做过这样的实验，把磷肥撒在圣彼得堡的一个池塘里，里面的鱼长得比平时大一倍。最近，磷在制造食品上也发挥着重要作用，尤其是汽水，可以用磷酸制造高级的汽水。磷酸盐可以制作坚固的涂料，其中锰和铁的磷酸盐最好。为了防止不锈钢物品生锈，可以在表面涂上一层磷酸盐。例如，在飞机的表面涂上磷酸盐，飞机就不会生锈了。很久以前，人们就用磷来制作火柴了。在发明现代火柴以前，大家知道使用的是什么火柴吗？那时候，火柴头是红色的，和其他的东西摩擦也能着火。在皮鞋底部轻轻碰一下就着了，非常危险。所以，我们不得不寻找比较安全的火柴来代替，这就是我们现在使用的火柴。

用磷制造了火柴后，人们想起来磷不但可以发出"冷光"，还可以生成"冷雾"。因为磷燃烧后生成了五氧化二磷，它能够漂浮在空气中，就像是烟雾。

在军事上，利用五氧化二磷的这个特点来制造烟幕。现代战争中，用含磷的炸弹放出白色的烟雾，作为进攻或者破坏的方法。

开始时，磷在深成岩的熔化物中，慢慢变成了细小的磷灰石，接着微生物像

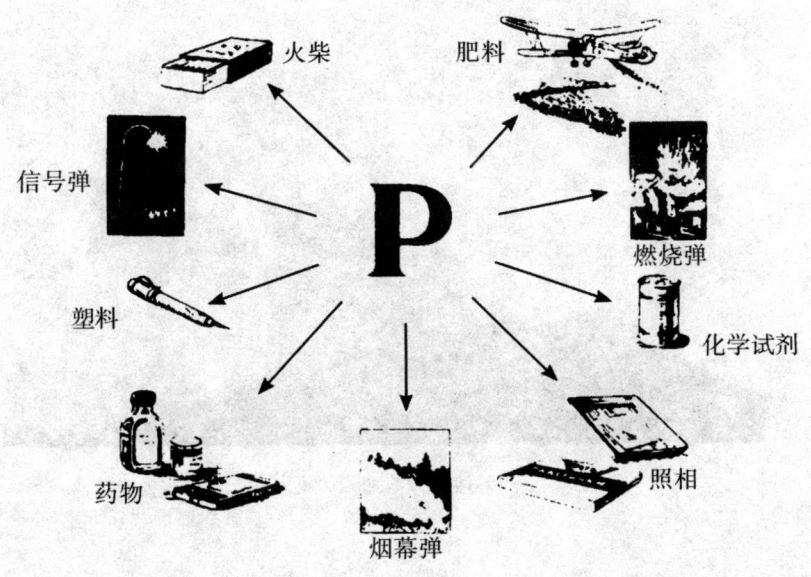

工业上磷的应用

是一个过滤器，把海水中的磷过滤出来。磷在自然界中的变化非常复杂，我们不再详细讲解。

在地壳中，磷的迁移非常有趣。磷的命运和生物的生死紧密相关。有机体死亡和动物死亡的聚集地，同时也是磷聚集的地方；在洋流的衔接点上，那里的鱼类繁殖得比较快，海底就成了巨大的坟墓，也是磷汇集的最佳场所。在地球上，磷的聚集状态有两种：一种是从火热的岩浆中分离出来形成的磷灰石矿床，另一种是存在于死亡动物的骨骼中的磷。磷原子的循环很复杂，化学家、地球化学家、技术家仅仅发现了其中的几个环节。磷的过去埋藏在地下深处，未来则体现在全世界的工业上，体现在技术进步的曲折道路上。

2.4 化学动力——硫

在人们最先发现的元素中，硫就占有一席之地。古代的希腊人和罗马人早就注意到，地中海沿岸的许多地方都有硫。当火山爆发时，就会带出大量的硫，由

1794年，喷发的维苏威火山

中世纪炼硫的情况

于二氧化硫和硫化氢有着难闻的气味，人们把它们当作火山神发怒的标志。公元前几世纪时，人们就发现了西西里大硫矿中有透明的硫晶体，更稀奇的是，这种石头可以燃烧，但燃烧后的气体非常难闻。正是这个不寻常的性质，使得当时的人们认为硫是基本元素之一。

也是由于这一点，古代的炼金术士非常重视硫的作用，只要提到火山活动或者山脉、矿脉的生成，他们就强调硫有着不可磨灭的作用。

在炼金术士的眼中，硫也是一种很神秘的物质，它一燃烧就可以生成新的物质，他们认为硫是哲人石的组成部分。于是，他们加紧研究哲人石，想让普通金属变成金子，但这个愿望一直没有实现。

1763年，罗蒙诺索夫发表了一篇论文，名为"论地层"。在这篇文章中，他阐述了硫在自然界中的作用，写得非常不错。下面，我们选取一些内容来看一下：

想到地底下的火，就想知道它的组成成分……硫是一种容易发火的物质，它的威力也非常大，是其他的物质难以相比的。

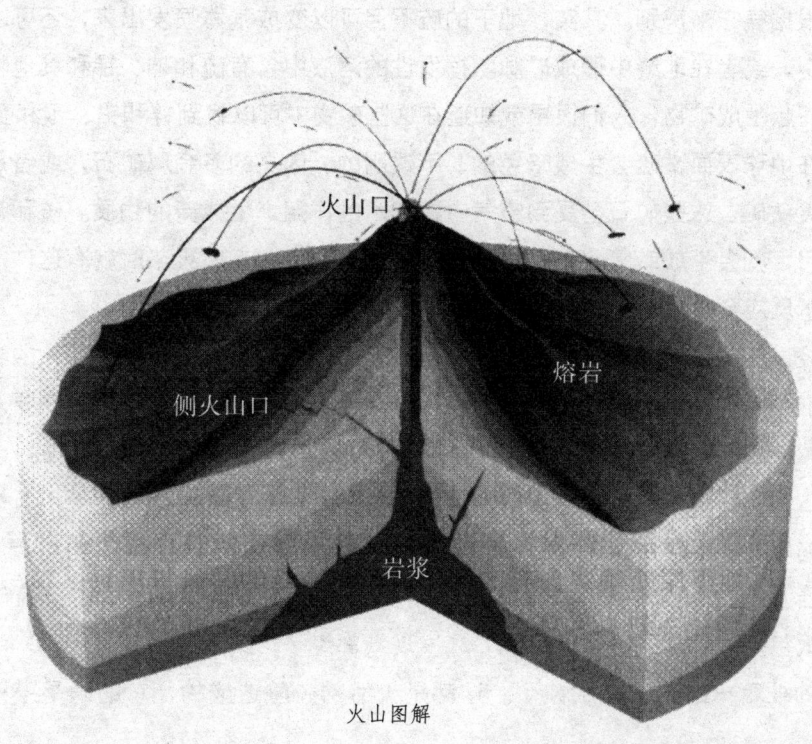

火山图解

......

我们从地下开采出几种可燃性物质,哪一种的含量最丰富呢?

火山喷出的气体中含有硫,地下涌出的矿泉里含有硫,地底下的通气口中聚集着硫,矿石摩擦后都会产生硫的气味……大量的硫在地下深处燃烧,产生的气体不断膨胀,使上层的地壳升高,作出不同程度的运动,产生级别不同的地震。在地面上,抵抗力最小的地方首先裂开,被破坏的碎块中比较轻的飞到空中,然后在掉落到附近;比较重的飞不起来的碎块聚集在一起,慢慢形成了山。

地球内部的火很多,同样,维持火的硫也非常多。这样一来,就会引发地震导致地面的变化,这种变化有大有小,难以确定。虽然地震是可怕的,会给我们带来灾难,但也会带来好处。

在地下深处,的确有大量的硫,硫冷却时可以析出好多种具有挥发性的物质,都是金属和硫、砷、氯、溴、碘的化合物。火山喷发时气体的气味各不相同,例如,意大利南部喷出的窒息性气体,堪察加半岛喷出的云雾状的二氧化硫气体,我们可以根据气味来辨别。其实,地下的硫不但可以变成气体喷发出来,还可以溶解在水中,或者在地缝中形成矿脉。挥发性的溶液中含有硫和砷、锑和其他物质,它们一起生成矿物,人们很早就知道在这些矿物中可以找到锌和铅、银和金。

在地球表面,硫会生成暗色的、不透明的、闪亮的多金属矿石,或者是辉矿类、黄铁矿,这些矿石会受到空气中氧和水的作用,生成新的物质。硫和氧气发生作用,就会生成二氧化硫,这种气体我们不陌生,点燃火柴时就有这种气味。硫和水反应会生成亚硫酸和硫酸。

经过这些化学反应,黄铁矿被氧化后析出硫和硫化物,破坏了原来的岩层,但它们可以和其他比较稳定的元素化合,生成石膏或者其他的物质。需要注意的是,黄铁矿矿床及开采硫的地方会生成硫酸,而硫酸有着很强的腐蚀性。

这使我想起了乌拉尔南部的梅德诺戈尔斯克矿坑,那里的黄铁矿矿石析出了太多的硫酸,它的强烈腐蚀性使矿工的衣服出现了无数的大窟窿。

当我们在卡拉库姆沙漠工作时,不知道硫酸具有腐蚀性,所以把硫矿石样本用纸包好。到了圣彼得堡之后,才发现纸都烂了,纸上的标签也坏了,就连装样品的纸箱一部分也被腐蚀了。这都是天然的硫酸造成的,它的确是一种特殊

卡拉库姆沙漠

的物质。

  硫和沙混合在一起形成了卡拉库姆的硫矿石，化学工程师沃尔科夫想出了一个办法把硫和沙分开。首先，把小块矿石放在高压锅里，加上水后封闭起来，接着用蒸汽锅向里面输入五六个大气压的蒸汽。这样一来，高压锅里的温度就达到了 130 多摄氏度，硫熔化后聚集在高压锅的底部，沙和黏土在上面。一会儿后，把高压锅的放硫口打开，硫就会流进特制的槽中。整个提炼过程需要两个多小时，苏联科学家轻易解决了卡拉库姆的硫的提纯问题。

  硫难以维持原状，很容易和各种金属化合，生成其他的物质。在火山地区，硫和金属化合后生成明矾石，聚集成白色的小点或者条带状。

  一些天文学家认为，我们在地球上观察到的月球上的白色光圈和白色光线可能是明矾石。

  硫被氧化以后，大部分的氧化物又和钙发生反应，生成难以溶解的物质，但这种物质在地下非常活跃。这种物质就是我们所说的石膏，在盐湖中或者干涸的海底有许多石膏聚集成的岩层。

  不过，硫的变化到此并没有结束。有一部分硫酸变成了气体；微生物把硫化物还原成了硫；硫的化合物的溶液中可以挥发出硫化氢等气体，当含石油的地下

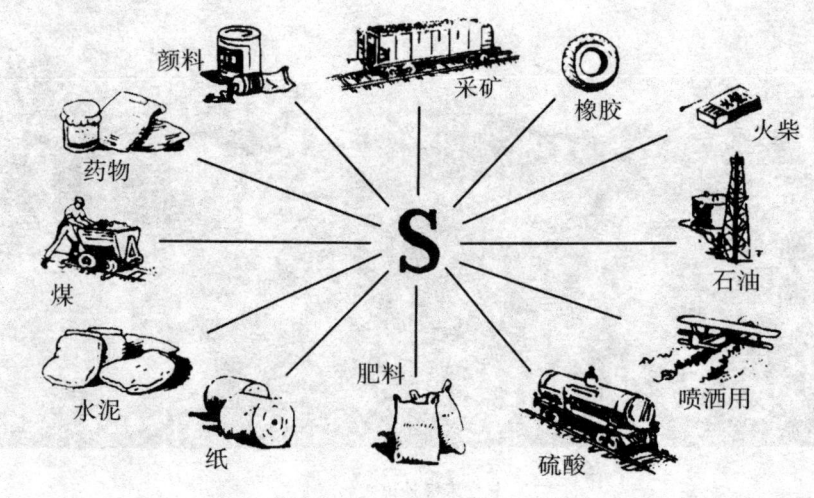

硫在工业上的应用

水涌出地面的时候，也会带出大量的这种挥发性气体，充满在湖沼中，有时会生成黑色的淤泥块，这就是我们所说的药泥，克里木和高加索的人们常常用它来治病。

硫变成硫化氢后会跑到空气中去，在空气中流动。到此，硫就完成了它在地球上的复杂循环中的一个。

不过，人们的参与改变了硫在自然界的循环，使它变成了工业上不可缺少的物质。在全世界，每年开采出来的纯净的硫还不到100万吨，但硫化铁中含的硫高达几千万吨，这些硫是用来制硫酸的。

硫成了工业上的基础原料，我们不可能把用到硫的所有部门都列举出来，只能说几个重要的部门。从这些例子中我们可以发现，硫在工业上有着重要的用途。

硫可以用来制造纸、赛璐珞、染料、药物、火柴，还可以提炼汽油、醚、油类等，以及制造磷肥、明矾、钠碱、玻璃、溴、碘。19世纪初期，硫在工业上的作用就体现出来了，主要用来制造硝酸、盐酸、醋酸。而且，制造炸药也需要硫酸，黑色火药中需要硫，所以硫在军事上也有着举足轻重的地位。

由于硫这么重要，所以18世纪的战争大部分是围绕它展开的。很长一段时间，西西里岛是唯一供应硫的地方。西西里岛是意大利统治的，从18世纪初期开始，英国舰队好几次炮轰西西里岛沿岸，妄想侵略这个岛屿。后来，瑞典人发现黄铁矿中可以提取硫，还找到了用硫制造硫酸的方法。于是，西班牙的黄铁矿成了欧洲列强的目标，英国舰队出现在了西班牙沿岸，想要占领硫和硫酸的聚集地。西西里岛的硫被大家忘在了脑后，他们把注意力集中在西班牙。

这时，在美国的佛罗里达州发现了丰富的硫矿床。为了追逐利益，人们开始疯狂地开采硫，方法听起来匪夷所思：把温度很高的蒸汽压到地下深处，因为硫的熔点是119℃，遇到高温会在地下熔化，然后把熔化的硫压到地面上来。

这个方法成功了，大量的硫被压到地面上来，凝聚成了一座座山丘。

这个方法的效率很高，美国以此法开采出了大量的硫。西班牙的黄铁矿也被人们抛在脑后了。接着，在北极开采硫化物的瑞典又有了新的想法，他们在熔炼黄铁矿的时候，提炼出了硫。

硫又有了新的来源，那就是金属硫化物，同时开创了制造硫酸的新方法。

硫的发展变化使我们明白了，随着工业技术的发展，同一种物质也在发生复杂的变化。新的方法改变了硫的提炼技术，打破了原有的生产关系，开辟了新的天地。

只有用新的思想替原料找到新的出路，才能使人类获得丰厚的利益，推动世界经济的快速发展。

2.5 坚固的体现——钙

有一次，我旅行经过新罗西斯克这座城市，附近有一个大水泥工厂，这里的技术人员希望我为他们做一个关于石灰岩和泥灰岩的报告，这两种物质都是制造水泥的原料，有着非常重要的作用。

由于我欠缺这方面的知识，只好婉拒了他们的要求。我只是告诉他们，石灰和水泥是由不同的石灰岩制成的，它们在工业上有着巨大的价值，苏联花费了怎样的心血来制造这两种建筑业上的必需品。

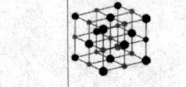

苏联的石灰大部分是出自瓦尔代高地，距离新兴的都市大约是1500千米，走的是新罗西斯克、黑海、爱琴海、地中海、大西洋、北冰洋的环形路线。因此，我告诉这些工作人员，我了解石灰的重要性，但我没有研究过石灰岩，所以不知道石灰岩的特征。

其中，一名工作人员说："那你给我们讲一讲钙吧。我们知道金属钙是石灰岩的基础，但不知道它在地球化学上的意义。请你讲一下钙的性质，它是怎么生成的，在什么地方聚集，又是以什么样的方式聚集，为什么它能使大理岩有美丽的花纹，使石灰岩和泥灰岩在工业上有着重要意义。"

于是，我就把自己知道的告诉了他们，讲述了钙原子的相关知识。

你们都是水泥部门的员工，这个部门是制造胶结物质的，是一个非常重要的建筑工业部门，所以你们对和工作有关的钙原子的历史很感兴趣。

钙在化学元素周期表中占据着特殊的位置，它的原子序号是20。这说明，钙原子的原子核中的质子的数量是20，核外有20个带着负电荷的小粒子，这就是我们所说的核外电子。

钙原子的原子量是40，它位于周期表从左起的第二列中。钙的化合价是+2，所以它需要和带着两个负电荷的离子反应，生成稳定的化合物。

你们注意到了吗？刚才我说的20、40都是4的倍数，这类能够被4整除的数在地球化学上有着重要的意义。在日常生活中，如果要让一件东西站稳，我们也要用到能够被4整除的数，例如，桌子有4条腿。普通能够站稳的物体或者建筑物，总是左右对称的。

和钙有关的数字是2、4、20、40，这说明钙的性质是非常稳定的，不知道多高的温度才能够破坏由一个原子核和20个核外电子组成的钙原子。随着天文学家对宇宙的研究，钙原子在宇宙中的作用逐渐体现出来。

日食发生的时候，我们可以看见太阳周围有着巨大的日珥，有无数的灼热的小颗粒被抛到几千万千米的高空，这里面钙有着重要的作用。现在，我们的天文学家已经可以判断出星际间有什么东西。在广阔的宇宙中，到处有轻元素原子在飞驰，这里面钠和钙有着举足轻重的地位。

宇宙中的一些小颗粒受到地球的引力，慢慢地朝着我们飞来，掉到地球上之后变成了陨石，这里面也有钙。

在地球的形成过程中，在我们的生活和生产方面，没有什么金属比钙更重要。

在地球上的物质处于熔化阶段时，比较重的蒸气逐渐分离出来，慢慢形成了大气层；在水滴刚凝聚成海洋的时候，钙和镁早就是地球上比较重要的金属了。镁也像钙一样坚固，它的原子序号是12。

那时，不管是地面上的岩石，还是聚集在地下的岩石，钙和镁都起到不可磨灭的作用。在太平洋的底部，现在还有玄武岩层，钙原子在里面有着重要的作用。我们的陆地就在玄武岩层的上面，这层玄武岩就像是一层薄薄的硬壳，位于地下，保护着它下面的熔化物。

地球化学家计算得知，在地壳的组成中，钙占据了3.4%，镁占据了2%。地球化学家研究发现，钙原子本身的性质决定了钙的分布情况，这种情况与钙原子的电子数目、稳定的结构是分不开的。

当地壳稳固之后，钙原子开始踏上复杂的征程。

在远古时期，火山喷发会放出大量的二氧化碳，这时的空气中充满了水蒸气和二氧化碳，慢慢变成了云层，把地球包围起来，破坏了地球表层的硬壳，暴风雨卷走了地球表面的炙热物质。就这样，钙进入了旅行的第一个阶段。

钙和二氧化碳反应可以生成稳定的化合物碳酸钙，二氧化碳多的时候，碳酸钙会溶解在水中；二氧化碳不足的时候，碳酸钙就会从水中析出来，变成白色粉末。

其实，厚厚的石灰岩就是这样形成的。在地面上，经过冲击的土堆慢慢变成了黏土，后来就生成了泥灰岩层。地下的炙热物质在不断地运动着，有的会进入石灰岩层，这里热蒸气的温度高达几千摄氏度，把石灰岩烧成了白色的大理岩，就像是山顶上的白雪。

不过，有些碳的化合物聚集起来，形成了最初的有机物。这些物质像是黑海中的水母，慢慢变得复杂起来，具有了活细胞的特点。进化的规律就是为了生存而斗争，为了适应环境而斗争，不断地进化，使得这些物质的分子变得复杂，重新结合，又出现了新的性质。于是，世界上出现了生命，先是比较简单的海洋性单细胞生物，然后是比较复杂的多细胞生物，就这样慢慢地进化，直到地球上出现最完美的生物——人类。每种生物的成长、进化，都伴随着各种各样的斗争。柔软的敌人无法抵抗各种攻击，慢慢被消灭殆尽。在动物的进化过程中，为了保护自己不受伤害，它们用坚硬的外壳把软体包裹起来，或者在柔软的体内生成一

个架子，也就是我们所说的骨骼，把软体给支撑起来。通过生物的发展史我们可以明白，在坚硬的物质上，钙有着重要的作用。开始时，磷酸钙跑到了贝壳中；地质史初期，小贝壳是由磷灰石构成的。

不过，这样的钙难以取得，而且靠不住。因为生命本身不仅需要钙，同样需要磷，地球上没有足够的磷让生物体去制造坚硬的贝壳。动植物后来的发展告诉我们，用难以溶解的其他物质去代替磷，也可以制造坚硬的外壳，例如蛋白石、硫酸锶、硫酸钡，其中碳酸钙是最好的选择。

不过，磷也是不可或缺的。虽然有些简单的动物用碳酸钙来构造坚硬的外壳，但地面上的动物是用磷酸盐来制造骨骼的。在人或者大型的动物中，骨骼中含有磷酸钙，在本质上它类似磷灰石。不管是碳酸钙还是磷酸钙，有着重要作用的还是钙。差别在于：组成人的骨骼的是钙的磷酸盐，而组成贝壳的是钙的碳酸盐。

到过海边的科学家都知道，例如地中海沿岸，海边的景象是非常奇异的。

我永远不会忘记，第一次到热那亚附近的内尔维沿岸时的情景。我看见各种各样的贝壳，五颜六色的藻类，披着外壳的寄居蟹，不同的软体动物，一群群的苔藓虫，以及数不清的珊瑚。

我看着透明的海水，完全融入了这个神奇的世界，在这里碳酸钙发生了各种变化，闪烁着耀眼的光彩。突然，一只章鱼打破了这份宁静，它游到我站着的石头旁边，我拿起棍子和它嬉戏起来。

海底的贝壳中和海洋动物的骨骼中都含有钙，钙的形式有几十万种。海洋动物死亡后，遗留下来的残骸堆积起来形成碳酸钙，这就是岩层的开始阶段，会逐渐发展成山脉。

现在，我们可以看到各种颜色的大理石，用来制成发电站里的配电盘，我们还可以见到地铁站里的黄褐色的石灰石台阶。这时我们是不是会想起，这些石头都是由无数的小细胞聚集起来的，是复杂的化学反应把海水中的钙原子集合起来，然后改造成各种晶体的骨架或者纤维质，成为了含钙的石头，我们称之为方解石和文石。

不过，钙原子的旅行还没有结束。

钙原子在水中溶解，水溶液中的钙离子有时会留在水中，形成含钙的水，也就是我们所说的硬水；有时遇到硫的化合物形成石膏，或者结晶成钟乳石、石笋，形成样式各异的溶洞。

下面是钙原子旅行的最后一个阶段，落到了人的手中。人们可以使用纯净的大理石或者石灰石，也可以对它们进行煅烧，让里面的二氧化碳飘散出来，这样就得到了石灰和水泥，没有这两样东西就没有我们今天的水泥工业。

在药物化学、有机化学、无机化学上，钙也有着不可忽视的作用，化学家、技术家、冶金学家都拿它当宝贝。不过，这些在今天已经不是新鲜事了。人们可以让稳定的钙原子去参加各种反应，在施加好几万千瓦的电力时，不但除去了石灰石中的二氧化碳，还可以把氧原子去掉，得到纯净的钙，这是带有光泽的、闪亮的、柔软的金属，在空气中可以燃烧，燃烧后表面上会生成一层膜，和石灰的成分相同。

钙原子的用途比较广，就是因为它非常容易和氧化合，它们之间有着紧密的联系。在铸铁或者炼钢时，人们不再想办法去找复杂的去氧剂，而是把钙原子放在马丁炉和鼓风炉里，让它去和氧原子化合，轻易就去掉了炉中的氧气。

于是，闪亮的钙原子又产生了变化，变成了比较稳定的含氧化合物，存在于地球表面。

现在大家应该明白了，钙原子的各种变化比我们想象的要复杂得多。要想找出另一个元素，在自然界中的变化比钙复杂，在地球上的作用比钙大，在工业上的用途也比钙广，这是非常困难的。

我们要知道，钙是自然界中非常活跃的元素，它可以生成各种各样的晶体，人们可以利用钙的化合物来制造建筑业和工业上的各种材料，来为我们的生活服务。

我们还要多多努力，去发现钙原子更多的用途。要想在地质学上作出杰出的贡献，不仅要做一个优秀的化学家和物理学家，同时必须是一个有所作为的地质化学家，精通地质知识才行。只有充分掌握了各个方面的知识，才能成为一个优秀的技术家，才能在工业上开辟出新的道路，熟悉地球上的各种元素，为征服自然做出贡献。

2.6 植物的生命元素——钾

钾是典型的碱性元素，位于化学元素周期表的第一列中。钾是一个单数元素，因为它的原子序数是 19，相应的质子数和核外电子数也是 19，而且原子量是 39，表示钾的某些特征的数字都是单数。它只能和卤族的元素反应，生成稳定的化合物，例如和氯原子生成氯化钾。钾的化合价是 +1，所以它只能和 -1 价的卤族元素反应。由于钾原子中的电子比较多，所以它的性质比较活跃，钾离子的状态不太稳定。

正是钾元素的活泼，决定了它在自然界的历史和钠类似，跟复杂的变化紧密相连。在地壳中，钾可以生成 100 多种化合物，其他的几百种矿物中也含有钾。钾在地壳中的含量是 2.5%，这个数字虽然不大，但也不算小，说明钾和钠、钙一样是地球中的主要元素。

在地质史上，关于钾的历史很有趣，人们已经研究清楚了，我们可以完整地说出钾的经历，阐述出它的循环过程。

当地下的岩浆开始凝聚时，各种元素就分离出来了，元素的性质越活跃，越喜欢旅行，越容易生成挥发性的气体或者流动的小颗粒的，就越难分离出来，钾就是最难分离出来的一种。最先生成的晶体中不含钾，在深层岩绿色橄榄岩中，我们几乎见不到钾的影子。在海洋底部的玄武岩中，钾的含量还不到 0.3%。

在熔化的岩浆的结晶过程中，比较活跃的元素都集中在上层，这里有硅和铝的带电离子，也有钾和钠这一类碱性原子，还有一些容易逸散的含水化合物。上层的岩浆会生成花岗岩，漂浮在玄武岩上面的大陆上，占地面积很广。

在花岗岩中，钾的含量是 2% 左右，钾主要分布在正长石这种矿物中。在黑云母和白云母中，也有少量的钾。钾聚集得比较多时，就会形成白榴石，这是一种巨大的白色晶体。意大利有很多含钾的熔岩，其中白榴石特别多，可以用来提炼钾和铝。

由此可知，钾原子的主要来源是花岗岩及火成岩的酸性熔岩。

在地球上，水、空气、二氧化碳会破坏花岗岩和酸性熔岩，植物的根可以深入到这些岩石中，用分泌的酸性物质腐蚀这些矿物。

圣彼得堡附近的花岗岩最容易受到破坏，那里的花岗岩大部分裸露出来或者在巨大的砂砾中，花岗岩受到风化作用，失去了光泽，变成了由石英堆起来的沙丘。另外，长石也被破坏了，各种作用带走了长石中的钠、钾原子，剩下的是层状的骨架，逐渐变成了另一种复杂的岩石，也就是我们所说的黏土。

此后，钠和钾开始了各自的旅程，它们不再结伴同行了。花岗岩被破坏之后，钠和钾就分开了，钠离开了黏土和沉积物，被水带走了。水把钠带到了江河中，最后流入了大海，变成了氯化钠，也就是我们所说的食盐，它是各个化学部门的原料。

钾所走的路和钠不同，海水中含有的钾原子非常少。在岩石中，钾原子和钠原子的个数差不多，但能够进入大海的钾原子只有千分之二，其余的钾原子到了土壤、淤泥、盆地、池沼及江河的沉积物中。正是因为土壤中含有钾原子，所以才有了神奇的力量。

俄国著名的土壤学家科学院院士格德罗伊茨，首次识破了土壤的地球化学性质。他研究发现，土壤中的一些颗粒可以留住各种金属元素，尤其是钾元素，因此，他认为土壤的肥沃程度和钾元素有关，因为钾原子非常小，植物的每个细胞都可以吸收，促进自身的生长。的确是这样，植物吸收了钾原子，就能够长芽，提高生长速度。

研究表明，钾、钙、钠结合在一起，植物的根系能够轻易地吸收它们。

钾是植物的生命元素，虽然我们还不清楚钾在植物体内所起的作用，但实验表明，没有钾植物很容易枯萎、死亡。

不但植物需要钾，动物也同样需要。例如，人的肌肉中所含的钾多于钠，在大脑、肝脏、心脏、肾脏中，钾的含量比较多。需要注意的是，在有机体的生长过程中，钾的需求量多一些，成年人对钾的需求量少一些。

钾有好几条循环路径，其中一条是由土壤开始的。在土壤中，植物的根系把钾原子吸收，等到植物体死亡后，死细胞中的钾一部分跑到动物体内，另一部分回到土壤中，再次被植物吸收。

大部分的钾原子走的是这一条路径，也有极少数的钾原子被水带到海洋中，和其他的元素构成海水中的盐类，其中，海水中钠的含量是钾的 40 多倍。

在海水中，钾开始走另一条循环路线。

由于地壳运动，当海水干涸时，就会从海水中分离出浅海、湖泊、三角港、海湾，形成黑海沿岸的萨克、耶夫帕托里亚这样的盐湖。夏天的时候，大量的湖水被蒸发掉，盐就从水中析出来，被海浪带到沙滩上；有时，湖水被完全蒸发掉，湖底覆盖着一层白色的盐，在阳光下像是闪闪发光的白布。湖底生成沉淀有一定的次序：最先出来的是碳酸盐，然后是硫酸钙组成的石膏，接着是氯化钠，也就是我们所说的食盐。最后剩下的是天然盐水，含盐量很高，大约是百分之几十，其中钾盐和镁盐的含量最高。

在天然盐水中，钾的性质比较活跃，它会继续旅行，直到湖水干涸，表面析出白色和红色的钾盐，这就是钾矿床。

有时，地壳中会含有不少钾盐，这是工业上不可缺少的原料。这时，不是植物在决定钾要走的路线，也不是毒辣的太阳把它聚集在盐湖底部，而是人类的智慧在指导钾的新的路线。

一百年前，化学家李比希看到了钾和磷对植物的作用，他说过这样一句话："这两种元素可以让土地肥沃。"于是，他觉得可以给土地施肥，让土地变得肥沃，先算出植物需要的钾、氮、磷的量，人工把这些元素加入到土壤中。

当时，农业界不同意李比希的想法，认为这种观点是错误的。李比希用帆船从南美洲运来了硝石，希望用它当肥料使土地肥沃，由于价格昂贵，没有人买。李比希还建议把骨头碾成碎末，用来当磷肥，也被人们否定了。不知道如何取得钾，只好把一些植物灰撒到田地里。很早以前，乌克兰的农民就把玉米秸秆烧成灰，然后撒到地里，他们凭借着经验知道，这种方法可以提高农作物的收成。

许多年后，肥料成了一个相当重要的问题。土壤的肥沃程度决定了农作物收成的好坏，把植物生长需要的各种元素撒到土地中，就可以保证植物的收成。现在，钾元素成了植物生长必不可少的一种元素。

这一点从钾肥的使用量上就可以看出来，例如荷兰，1994年每公顷土地使用的氧化钾的数量是42吨。这个数字的确有点大，美国每公顷的用量仅仅是4吨左右。

苏联著名的农业化学家计算后得出，苏联全国的土地需要使用100多万吨的氧化钾。

因此，人们要努力勘探含钾的矿床，开采出钾盐制造肥料，供农作物使用。

在过去的很长一段时间里，全世界的钾盐都被德国垄断了。德国哈茨山东部的斯塔斯福有大量的钾盐，这就是著名的斯塔斯福盐，无数的列车把这里的盐运往世界各地。

许多农业国家难以忍受这样情况，因为农业是他们的经济支柱，所以他们费了好大的力气来寻找需要的钾矿，在北美洲找到了一点。法国发现莱茵河流域有钾矿，意大利开始利用火成岩中的含钾矿物。不过，这些钾盐实在是太少了，对贫瘠的土地来说，那就是杯水车薪。

俄罗斯的科学家也在国内致力于钾盐矿床的寻找，有些科学家的研究没有产生结果，后来，在科学院院士库尔纳科夫的带领下，一批青年化学家发现了含有丰富钾盐的矿床。虽然发现是偶然的，但偶然的结果和长期的努力研究是分不开的，这种偶然是以长期斗争为基础的，是对长期奋斗者的最好奖励。

库尔纳科夫院士一直在研究本国的盐湖，他始终认为地下的某个地方可以找到古代盐湖的踪迹，所以十几年如一日地朝着这个方向努力。在实验室中，他研究了彼尔姆区古时盐田的成分，发现某些盐的含钾量比较高。

曾经，他来到一个古代的盐田处，发现了一小块红褐色的矿石，就像是钾盐矿床中的光卤石。当时，在场的人员都不知道这块石头是从哪里来的，是不是德国钾盐标本中的一块。不过，库尔纳科夫院士还是把这块石头捡起来，带回圣彼得堡的实验室去研究。结果出乎大家的意料，这块石头竟然是氯化钾。

这是胜利的第一步，但还要确定这块石头是不是来自索利卡姆斯克的地下，那里是不是有着丰富的钾矿，要想弄明白这些问题，就要从地下取出样本来研究。

苏联一位著名的地质学家普列奥布拉斯基，开始接手这项工作。他要求大家钻凿深井，果然找到了厚厚的钾盐层，把地质史上钾盐的发展带入了另一个阶段。

现在，距离那次伟大的发现已经

尼古拉·谢苗诺维奇·库尔纳科夫院士
(1860—1941)

好多年了，钾盐的分布也有了变化。如果用氧化钾的数量来表示钾盐的储量，那么，苏联的地位遥遥领先；德国一共是 25 亿吨；西班牙是 3.5 亿吨；法国仅仅是 2.85 亿吨；美国及其他国家的含量更少。而且，苏联还有一些钾矿床没有勘探出来。

很可能，在不久的将来苏联会勘探出新的钾矿，揭露出钾原子三四亿年前在彼尔姆的迁移面貌，把苏联钾的含量推上另一个高峰。

现在，我们这样来解释苏联的这一段远古历史：古代的彼尔姆海非常大，现在苏联欧洲部分的整个东部地区都包括在内，北冰洋向南延伸出了这个海，某些海湾从阿尔汉格尔斯克延伸到别洛耶湖，另一些海湾在诺夫哥罗德附近。彼尔姆海的东部是乌拉尔山脉，西南挨着顿涅茨流域和哈尔科夫，东南深入到现在的苏联南部，一直到里海沿岸。有些科学家认为，最初的彼尔姆海和巨大的特提斯海相连，在古代的二叠纪时，特提斯海把地球围了起来。后来，特提斯海变浅了，出现了一个个湖泊，风吹日晒的沙漠气候代替了原有的湿润气候。

强风摧毁了乌拉尔山脉，导致山脉倒塌在彼尔姆海的沿岸，彼尔姆海被迫向南迁移。彼尔姆海北部的湖泊和三角港中含有很多石膏和食盐，南部河水中的钾盐和镁盐逐渐增多，而东南部是天然盐水，就是人们圈起来晒盐的地方，例如现在的萨克湖盐水。慢慢地，出现了一个个的浅水湖和浅水海，水中的钾盐和镁盐是饱和的。

于是，钾盐开始沉积，逐渐析出来。从索利卡姆斯克到乌拉尔山脉这一带出现了一个个钾盐矿床，就掩埋着土壤的下面，那时候只要往地下钻探，就能够找到大块的食盐晶体，钾盐就位于食盐晶体的上面。

就是科学家发现的这一块不起眼的石头，经过分析后帮助科学家解决了钾的重大问题。此后，苏联不但解决了田地里的肥料这一难题，还可能创建新的化学工业，来制造各种各样的钾的化合物。这些化合物有苛性钾、硝酸钾、过氯酸钾、铬酸钾等，它们在国民经济和工业上有着重要的作用。另外，苏联还得到了大量的镁盐，把镁盐电解后可以得到金属镁，而镁的合金琥珀金是修筑铁路和制造飞机的重要材料。

现在，苏联的化学家实现了以前农业化学家的愿望，每年生产的氧化钾的数量足够满足全国田地的需要，大大提高了农作物的产量。

这就是我们所知道的钾的发展历史。

不过，钾元素还有一个不容忽视的特点。钾的某一种同位素具有放射性，尽管放射性非常微弱，但总是在慢慢地变化，放出几种射线后就变成了另一种元素，新的原子不断聚集，后来就生成了钙原子。

人们经过了长时间的研究才发现了钾的这个特点，由于钾在地球上有着重要的作用，在不稳定的钾原子蜕变成钙原子的过程中，会放出大量的热能。放射性专家计算后得知，在原子蜕变放出的热能中，钾盐占据了 20% 左右，由此可见，钾原子的蜕变对地球的影响是多么巨大啊！

生物学家和生理学家推断，植物之所以那么喜欢钾原子，就是因为钾原子具有放射作用，这种作用对活细胞的生长至关重要。

为了这种猜测，科学家做了无数次试验，但直到今天还没有正确的结论。他们觉得钾原子放射出的射线可以对活细胞产生某种作用，在植物的生长过程中表现出各种特征。

钾这个神秘的元素，在地球化学上的资料就是这些，到此结束了钾的循环史。

对于每一种化学元素而言，在地球内部、地球表面、工业上都有自己的循环史，只是有些元素的循环史还不是太清楚，有些元素我们刚刚了解了一些小片段。因此，现在及未来的地球化学家就要担负起这项任务，弄清楚所有元素的旅行史，把它们的循环过程完整地写出来。其实，钾元素的历史还是比较清楚的，我们明白了它在地质年代中的发展变化过程，以及现代工业上的主要用途。

我们不但了解了钾的历史，还可以利用这些知识去寻找钾矿床，拓展钾在工业上的用途。唯一不明白的是，钾在生物体中起到了什么作用，这是要揭开的谜题，也可能是钾的历史上最重要的一部分。

2.7 铁的作用和铁器时代

铁不仅是自然界中的重要元素，同时是工业上的重要元素，战争时代它制造了武器，和平年间它变成了劳动工具。在化学元素周期表中，我们再也找不到比铁更重要的元素，不管是过去、现在，还是遥远的未来，它的作用是无可替代的。古罗马的矿物学家老普林尼曾经谈到过铁，说得非常好。公元 79 年，老普林尼死于维苏威火山爆发，一百年前的俄国矿物学家谢维尔金说他是被火山喷出的灰

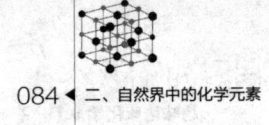

尘熏死的。

下面是谢维尔金的译文,写出了老普林尼对铁的认识:

铁是大自然赐予人类的最优良的矿物,它可以制成各种工具,有的用来刨土栽树、掘地种植,还可以修理果园,让果树更好地生长;有的帮助我们盖房子,和泥砸石块,等等。生活上,许多地方会用到铁制成的工具。不过,铁也为我们带来了战争和掠夺,不但有近距离的短兵相接,还有远距离的进攻防守,有的时候是用枪打,有的时候是用手抛,还有的时候是用箭射。以我看来,这是人类强加在铁身上的罪恶,人们给铁装上了翅膀,让它去各处制造灾难,摧残生命。所以,这是人为的过错,不能推给大自然或者没有生命的铁。

公元前三四千年前,人们就开始接触铁、研究铁,从那时起人类的前进历史就离不开铁了。开始时,可能有人捡到了天上掉下来的陨石,然后把它制作成简单的制品,就像现在的墨西哥的阿兹特克人、北美洲的印第安人、格陵兰的因纽特人及近东地区的人们所使用的那种制品。因此,古代的阿拉伯人认为铁是天上生产的,后来落到了人间。埃及土人把铁叫做"天石";阿拉伯人说天上的金雨落到了阿拉伯的沙漠上,然后金雨变成了银子,最后变成了黑色的铁,这是天神对贪婪部落的惩罚。

在很长一段时间里,铁没有得到普遍的应用,因为从矿石中提炼出铁并不容易,而天上掉下来的陨石又非常少。

公元后1000年那段时间,人们学会了从铁矿石中提炼铁,于是,铁器时代代替了原来的青铜器时代,掀开了人类历史的新篇章。

人们开始疯狂地寻找铁,导致铁的争斗一直引领着历史的前进。不过,不管是中世纪的冶金学家,还是炼金术士,都没有真正地了解铁,直到19世纪,人们才掌握了铁的特点,使铁在以后的工业上发挥了巨大的作用。冶铁工业的发展带动了其他工业的发展,鼓风炉代替了小规模的熔铁炉,建造了一个个大型的冶金工厂,马格尼托哥尔斯克就是其中的一个,它一年能够生成好几千吨铁。

铁矿成了一个国家的富源,也成为其他国家掠夺的目标。洛林铁矿的储量高达几十亿吨,成为资本家争相抢夺的对象,也是战争的导火索。19世纪70年代,

为了争夺莱茵河流域几十亿吨的铁矿,德法两国进行了战争。

在北极圈,瑞典拥有著名的基律纳瓦拉铁矿,矿石的质地很好,每年可以开采 1000 多万吨。为了争夺这个铁矿,英国和德国发生过无数的摩擦。俄国的铁矿是这样发展起来的,首先在克里沃罗格和乌拉尔发现了铁矿,后来又在库尔斯

Des premiers Caracte-res.	*Caracteres & signatures des Planettes & des Metaux.*
· Le Point.	♄ Saturne. Plomb.
— La Ligne.	♃ Iupiter. Estaim.
○ Le Cercle.	♂ Mars. Fer. Acier.
☽ Demy Cercle.	☉ Le Soleil. L'Or.
Γ Ligne reflexe.	♀ Venus. Cuivre.
△ Le Triangle.	☿ Merc. Arg. vif.
□ Le quarré.	☾ La Lune. L'Arg.
+ Fig. de la Croix	
L La Voyelle L	*Caracteres & signatures des Mineraux.*
V La Voyelle V	⚹ Souphre.
X La Consone X	□ Tartre.
Y La triplicité ignée	▽ Vitriol.
	⊖ Sel commun.
Caracteres & Signatures des Elemens.	✴ Nitre.
□ Terre. ⊙ Sel.	✶ Antimoine.
▽ Feu. △ Souph.	☿ Cinabre.
✴ Air.	▽ Eau Forte.
⊙ Eau. ☿ Mercu.	

中世纪,炼金术士使用的各种符号

克的地磁异常区发现了丰富的铁矿。

苏联有大量的铁矿，这些铁矿奠定了苏联的工业基础，提炼出来的铁制成铁轨、桥梁、机车、机器及各种劳动工具，促进了苏联工业的快速发展。

战争年代，用铁制造炮弹和炸弹，一次战争就可能消耗一座铁矿。例如，第一次世界大战中的凡尔登战役，用掉了整个凡尔登地区的铁矿。

为了钢铁进行的战争，把现代的冶铁工业带向了另一个阶段。

优质钢材代替了普通的铁和钢，在钢里面加入少量的稀有金属铬、镍、钨、铌等，可以制成十分坚韧的合金。

为了改善铁的性质，阻止它发生化学反应，在鼓风炉和铸铁车间中人们解决了这一问题。我们知道，铁和金子不一样，金子可以轻易地保存起来，不会产生任何损失，铁却不是这样。在我们周围的环境中，铁时时刻刻和空气相接处，很容易生锈。把一块潮湿的铁放到空气中，不久后它就会锈迹斑斑；如果房顶是铁皮的，而且没有涂上油漆，那么，一年后房顶上就会出现一个个的窟窿。从地底下发现的铁制品，像是枪、箭、盔甲等表面上都有一层红褐色的氧化物，之所以会这样，就是因为这些铁制品被空气中的氧气氧化了，这是一种很普遍的化学反应。于是，我们就面临着这样一个难题，怎么做才可以使铁不被氧化。

其实，在铁里面掺入稀有金属就可以改变铁的性质，这样就不会被氧化了。另外，在铁的外面镀上一层难以氧化的保护膜，也可以很好地保护铁。例如，在铁的外面加上一层锌或者锡，制作成白铁或者马口铁；在机器的重要部分涂上铬或者镍；把各种涂料涂到铁上，等等。人们想了各种办法来防止铁被氧化，把铁和空气中的氧气、湿气隔离开。需要说明的是，防止铁生锈并不是一件容易做到的事情，人们还在想办法把锌和镉利用起来，寻找锡的替代品。随着钢铁工业的发展，需要的铁越来越多，所以我们也要做好铁的防护工作，尽力不让铁生锈。

保护铁乍听起来很奇怪，地球上铁矿的含量不是很高吗，有必要想办法保护它吗？不久以前，召开了国际地质会议，地质学家计算了全世界铁矿的储藏量后说，我们将来肯定会面临铁的恐慌，再过50～70年，地球上的铁矿就可能枯竭，到时人们只能想办法用其他的金属来代替铁。在建筑业上，可以用混凝土、黏土、沙子来替代铁。现在已经过去了不少时间，按理说铁矿枯竭的日子就要来临了，但地质学家不断发现新的铁矿，将这个时间往后推延。苏联铁矿的储量非常丰富，

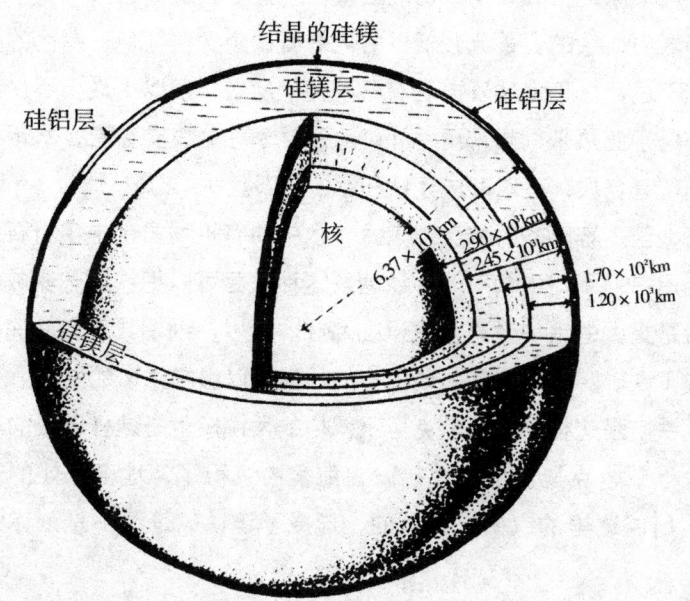

地壳结构简图：地球中心是一个铁制的核，往外是含有大量的硅和铝的花岗岩，再外面是含有大量的硅、镁、铁的玄武岩

完全可以满足工业的需求，再加上不时发现新的铁矿，而且不能预言这种发现何时会停止。

  铁不仅是地球上的重要元素，还是宇宙中的重要元素。在所有的天体中，我们都可以发现铁的光谱线，在星体的炙热空气中发着光。太阳周围有铁原子围绕着，铁原子不停地运动，有时会掉落到地球上，这就是我们见到的铁陨石。在美国的亚利桑那州、南非洲、苏联的中通古斯卡河流域，都发现过天然铁块，从空中掉落到地上的陨石。地球物理学家研究发现，地球中心是由含镍的铁矿石组成的，我们的地壳就像是在铁的外面覆盖了一层矿渣，就是熔炉中剩余的矿渣。

  不过，天上的铁陨石不容易取得，地下深处的铁矿也开采不出来，我们能够使用的仅仅是地球表面的这一小部分。现在，我们的技术只能深入到地下几百米而已，更深处的铁矿还无法开采出来。

  地球化学家告诉我们，地壳中铁的含量是 4.5%，除了铝之外，其他金属的含量都比铁要低。在熔化的岩浆中就含有铁，当岩浆冷却后就形成了橄榄岩和玄武岩，位于地下深处，形成了最初的岩石，也就是硅镁岩层。

在花岗岩中，铁的含量比较低，它闪烁着白色、粉红色、绿色的光芒就证明了这一点。不过，由于地球表面有着各种化学反应，所以生成了不少铁矿石。其中，一部分位于亚热带，热带雨季和炎热的夏季在这里交替着，水带走了岩石中可以溶解的所有物质，逐渐形成了铁和铝的矿石。

在北部地区，春天的时候会涨大水，水中的有机物质带走了岩石中的铁，把它带到了湖沼中；湖沼中含有一种铁菌，这种铁菌可以把铁原子变成豌豆大小的颗粒，或者是更大的铁块，逐渐沉积在海底。所以，湖沼或者海底深处，在地质时期就形成了铁矿。毋庸置疑，动植物的活动可以影响铁矿的生成。

刻赤大铁矿是这样形成的，克里沃罗格的大铁矿也是这样形成的。

在很久以前，克里沃罗格铁矿就在海水中沉积了，地下深处的热气没来得及起作用，所以这里的铁矿是黑色的，形成了镜铁矿，而不是刻赤大铁矿的褐铁矿。

铁的旅行不仅仅是陆地上，虽然海水中含的铁非常少，甚至可以说没有。但是，在特殊的条件下，海洋中或者浅水湾中也有铁元素聚集成的沉淀物，有时候是整片的铁矿层，在古代的海洋沉积物中常常发现这种矿层。在苏联，乌克兰罗普尔、刻赤、阿亚特等地就有这样的铁矿层。在河川湖沼中，随处都可以看到铁的运动，因此植物中就会含有铁元素，如果离开了它植物就不能存活。

如果一盆花缺少了铁元素，花朵就会快速枯萎，失去应有的香味，叶子也会发黄、干枯。由于有叶绿素活细胞才能够保持绿色，植物进行光合作用靠的就是叶绿素，没有光合作用植物就会死亡，而铁元素是生成叶绿素的重要条件。

就这样，铁在地球上及动植物体内完成了循环，人体血液中的红血球是铁旅行的最后一站，离开了铁，我们的生命就会结束，更不用说劳动和创造了。

2.8 制造红色烟火的物质——锶

对于美丽的烟火大家都非常熟悉，红火花在空中熄灭后，就变成了绿色的烟火。

庆祝各大节日时，苏联就会燃放无数美丽的烟火，红、绿、黄、紫等颜色在空中交织着，照亮了黑暗的夜空。红色火箭和烟火类似，但它的用途很广泛。当轮船遇险时，可以用来当作求救信号；飞机夜里飞行时，可以当导航信号；打算攻击敌人或者轰炸时，就变成了军用信号，等等。

虽然大家常常见到烟火，却很少人知道它的制作方法。有一种烟火叫做"孟加拉"烟火，这个名字来源于印度，佛教举行仪式的时候，和尚会在寺庙里燃放黄绿色或者血红色的烟火。

这种烟火是用锶和钡的盐类制成的，锶和钡都是碱性金属，在很长一段时间内，大家分不清锶和钡，后来才发现，把它们的金属盐放在火上烤会发出不同的光，钡盐的光是浅黄绿色，锶盐的光是红色。接着研究出了如何制造锶和钡的挥发性盐类，把它们的盐和氯酸钾、木炭、硫磺混合在一起，然后压缩成球状、柱状或者是锥状，放到枪中就可以发射出去。

锶和钡有着漫长的旅行史，但我们只讲述其中的一小部分。如果讲解锶和钡在地壳中的长途旅行史，就要从花岗岩和碱性岩浆说起，一直讲到这两种金属在工业上的各种用途，大家肯定会觉得非常枯燥。

我在莫斯科读大学时，在伏尔加的一份报纸上看到过关于含锶矿物的描述，这是一位喀山的革命科学家写的。他是一位天才科学家，他和朋友在伏尔加河畔采集到了天青石，这是一种蓝色的结晶矿石，是由二叠纪的石灰岩中的分散原子聚集而成的，还讲述了天青石的性质和主要用途。这段描写生动形象，留给我很深的印象，所以我一直没有忘记那种蓝色矿石，它之所以叫天青石，就是因为它的颜色。

我一直梦想着见到这种矿石，皇天不负有心人，1938年我终于找到了这种石头，又想起了那篇关于它的文章。

那时我正在高加索北部的基斯洛沃茨克的疗养院中休养，我的身体状况不允许我上山，但我非常想去山崖上瞧瞧，看一看采石场。

疗养院附近是新盖的休养所的房子，房子是用粉红色的火山岩建造的，这种岩石来自亚美尼亚的阿尔蒂克，我们称之为阿尔蒂克凝灰岩。围墙和大门是用浅黄色的白云石砌成的，白云石上面还有工人们精心雕刻的美丽图案。

我喜欢在工地上待着，常常是好几个小时，静静地看着工人们修凿质地比较柔软的白云石，把凸出的部分磨平。有个工人告诉我，白云石里面常常会有硬疙瘩，他们把这种硬疙瘩称为"石头病"，因为它妨碍了白云石的雕刻，所以要敲下来丢掉。

我走到那堆硬疙瘩面前，突然看到一个破碎的硬疙瘩里面有一块蓝色晶体，就像是一枚绣花针，这就是天青石，梦寐以求的石头啊！它是那么美丽，像是发光的蓝宝石，又像是阳光下闪闪的矢车菊。

我向工人借了一把槌子，把硬疙瘩一个个敲破，里面是一个个蓝色的天青石晶体，我的心情无比兴奋。这些天青石就像是蓝色的鬃毛，填充在岩石的缝隙中，在天青石中还有白色透明的方解石晶体，而硬疙瘩是石英的玉髓，它把天青石紧紧地包裹起来。

我询问工人白云石是从什么地方开采的，他们把去采石场的路告诉了我。第二天清晨，我和几个人乘坐着马车，沿着工人告诉我的路径向采石场驶去。我们先顺着阿利空诺夫卡河走，经过一所漂亮的房子，河谷变得越来越窄，后来变成了狭窄的峡谷，两边是陡峭的山壁，山壁是由石灰岩和白云岩组成的。不久后，我们就看见了采石场，那里堆满了碎石块。

开始时，我们动手把比较大的硬疙瘩砸碎，里面是方解石的晶体和水晶，或者是蛋白石块和半透明的玉髓；后来，我们总算达到了自己的目的，找到了一些天青石。我们把天青石捡起来，用纸包好，然后沿着险峻的道路往下走，去寻找这种宝贵的石头。我们把天青石带回疗养院，用水冲洗干净，但我们认为数量太少。几天后，我们有出发去寻找天青石。

我们的房间里摆满了蓝色的天青石，虽然疗养院的院长不满意我们的做法，但我们还是不断地寻找天青石。我们的举动引起了疗养院中其他人的注意，他们也很喜欢这种蓝色的石头，甚至有几个人跟着我们去了采石场，找到了这种样品。

不过，大家不明白我们为什么要收集这种石头。

在秋天的一个晚上，疗养院中的人找到我，希望我给他们讲一讲蓝色石头的相关知识，它是什么石头，为什么会长在白云石中，有什么用途。我们坐在一间宽敞的屋子里，面前放着天青石样品，面对着这些不懂化学又不懂矿物学的人们，我用通俗的语言讲述起来：

几千万年前，上侏罗纪的海浪冲打着高加索山脉，海水冲毁了花岗岩组成的断崖，红色的细沙在沿岸沉积下来，和铺在疗养院附近道路上的细沙一样。

古代高加索的山顶山流下来许多海水，在一些地区形成了很多盐湖。等到海水退去之后，在沿海地带、湖底、三角港底及浅海底沉积了大量的黏土和沙子，慢慢形成了石膏矿层，有的地方形成了岩盐。

黄色的白云岩位于比较深的地方，基斯洛沃茨克人非常熟悉这种岩石，他们用白云岩砌台阶或者盖房子。白云石的岩层非常厚，黄、灰、白三种颜色也比较均匀。

不过，形成这些沉积物的海非常复杂。当时，在海的沿岸有许许多多生物存在，那是一幅生机勃勃的图画，就像是今天的地中海沿岸或者科拉半岛的峡湾中看到的那样。

各种各样的水藻，有着漂亮外壳的寄居蟹，种类繁多的蜗牛和贝壳，这一切就像是一条五颜六色的毯子，在海岸上运动着。海里有红色的海胆，五星形的海盘车，还有样式各异的水母。

在海底的石头上，聚集着数不清的小放射虫。有几种透明的放射虫，看起来好像玻璃，它们是由纯净的蛋白石组成的；还有一些小小的白色球体，直径还不到一毫米，带着一个长长的柄，柄的长度是本身长度的三四倍。它们有的停靠在石头上，有的聚集在苔藓虫上，还有的附在海胆的棘针上，跟着海胆在海底穿梭。

跟着海胆的是棘针放射虫，它的骨骼是由 18～32 片的针状骨头组成的。很长一段时间，没有人知道这种棘针是什么东西，后来无意中发现棘针是硫酸锶，而不是硅石或者蛋白石。在复杂的化学变化中，放射虫把硫酸锶集中起来，然后吸收掉变成了晶状的棘针。

放射虫死亡后会沉到海底，逐渐聚集起一种珍贵的金属：水把它从花岗岩中冲洗出来，从长白石中冲洗出来，后来落到了高加索沿岸的海水中，慢慢沉积到海底。

如果不是有新的事件破坏了古代侏罗纪海底的沉静，我们就不会发现古侏罗纪的海中存在棘针放射虫，化学家也不会想到去石灰岩和白云石中寻找金属锶。

这个新的事件指的是高加索火山爆发，熔化的物质开始喷发，在地面的破裂处冒出热气，甚至是喷出矿泉，冷却后逐渐形成了白垩纪和第三纪的岩层，不但产生了岩盘，还出现了别什套山、铁山、马舒克山等山脉。

地下深处的热气进入石灰岩、石膏及其他的岩石中，矿水形成了地下海或者是地下河，有些已经冷却了，有些还在冒着热气。当矿水经过白云岩或者石灰岩的裂缝时，这些岩石就变成了水溶液，结晶后就是美丽而坚硬的白云石，这种石头可以用来建造房屋。

经过各种化学变化，锶原子和棘针放射虫的残骸溶解到水中，然后在侏罗纪的白云岩的缝隙中聚集，慢慢生成了蓝色的天青石。

就这样，在千万年的时间里形成了天青石晶洞，假如地面上的冷水流过天青石，它就会变成不透明的，晶体也会失去原有的光泽。于是，天青石中的锶原子就会离开，去和其他的物质结合成更稳定的化合物。

我告诉大家的是基斯洛沃茨克的天青石的形成过程，其实，苏联的其他地区也有这种情况。只要大海变成浅海或者盐湖，就会有球形的棘针放射虫，等到放射虫死后，棘针就会聚集起来形成硫酸锶晶体。

苏联中亚的山脉被天青石围绕着，亚库特共和国的天青石形成于古代志留纪，和基斯洛沃茨克天青石的形成过程一样，但最大的天青石矿床是二叠纪时期形成的，那时的伏尔加河沿岸和北德维纳河流域的石灰岩中有许多天青石。

我不再讲解天青石以后的变化，我们知道，有些天青石会溶解到水中，水带走了锶原子，一直到无边无际的大海中，后来又在盐湖或者是三角港中沉淀下来，接着变成了放射虫的棘针，几百万年后重新生成了天青石。

在这样周而复始的循环中，在自然界复杂的变化中，地球化学家和矿物学家只是了解了其中的一小部分，还没有弄清楚整个过程。地质学家一定要有精准的眼光，聪明的头脑，缜密的分析能力，才能够研究出地球上所有元素的发展变化过程。他们要把零星的片段续写成完整的篇章，把个别的篇章汇聚成一本完整的地球化学的书，这本书中详细地记载了各种原子的旅行过程，它们的发展变化，什么时候变成了稳定的物质，又是什么条件破坏了这种稳定，为什么有时会溶解到水中，有时会进入土壤，或者是分散在大自然中。

作为一个地球化学家，就应该清楚原子的旅行过程。随便拿起一块石头，他就应该能说出这块石头的生成过程，以及后来发生的各种变化。现在，我们可以说出锶原子的最初状态吗？

锶原子是什么时候生成的，又是如何生成的呢？为什么锶原子的光谱线闪亮夺目？这种光谱线和太阳光线有什么关系？为什么锶会在地球表面聚集？为什么会出现在花岗岩的岩浆中？又是如何沉积在长石晶体中的呢？

这些问题都是需要解答的，但现在的地球化学家还没有找出答案。对地球化学家而言，回答这些问题远比解释基斯洛沃茨克的天青石要困难得多。同样，锶原子发展变化的历史也不是不容易弄清楚的。

在过去很长的时间里，锶没有引起过人们的注意。只有制造红色烟火的火药的时候，人们才会想起它，但由于使用量不大，开采出来的锶盐非常有限。后来，一位化学家发现在制糖工业上可以用到锶，糖和锶会生成化合物糖化锶，这是一种非常特殊的化合物；锶还可以分离出糖蜜中的糖。于是，各国开始关注锶，德国和英国开采了大量的锶。不过，后来有一位化学家发现，在制糖工业上可以用便宜的钙来代替锶。此后，人们不再重视锶，锶的开采量也大大下降，只是偶尔从其他矿物的废料中提取一些锶盐，用来制作红色的烟火。

1914年爆发了第一次世界大战，直到四年后才结束，这一期间信号弹的使用量大大增加。高空照明、航空测量、夜间引导都要使用红色的烟火，甚至是探照灯上安装的炭棒也需要被稀土族和锶的盐类浸泡。这时，锶的用量迅猛上升。

后来，冶金学家发现了提取锶的方法，锶和钙、钡的某一性质相同，也可以去掉钢铁中的有害气体和杂质。

于是，用锶来辅助冶炼钢铁，它的用途越来越广。现在，地球化学家正在努力寻找天青石矿床，想要弄清楚锶为什么会聚集在中亚的山洞中，也在想办法把矿水中的锶盐取出来。总之，锶在工业上和农业上有了新的用途。我们还不知道锶以后会怎样，锶的起始和未来的走向是一个谜，地球化学家还没有解开的谜……

我向疗养院中的人讲述的天青石的故事到这里就结束了。

听完我的讲述，大家才知道这种不起眼的蓝色石头有着重要的作用，也是苏联建设中不可缺少的一部分。大家才明白，为什么我们会不断地去采石场找这个石头，就连疗养院的院长也理解了我们，不再抱怨我们把石头放到屋子里，也不再唠叨了。

后来，我写了一篇关于天青石的文章，放在了我的《岩石回忆录》中。

如果有人想了解更多关于天青石的知识，我建议去读一读那篇文章，它会告诉你天青石是多么奇妙的石头。

2.9 涂在罐头上的物质——锡

锡是一种很普通的金属，在生活中常常用到，但没有引起我们多大的注意。

在生活中，锡并不是用自己的名字为大家服务的。青铜、马口铁、巴弼合金、活字合金、炮铜、"意大利"粉、搪瓷、颜料等物品，大家都不陌生，但很少人知道，锡是这些物品的重要组成成分。

锡的性质比较特殊，直到现在还没有弄明白为什么锡会有某些性质，在地球化学上这是一个未解的谜。

从地下冒出来的花岗岩的岩浆中含有许多硅石，也就是所谓的"酸性"岩浆，这里面就有锡。不过，有些酸性岩浆中没有锡，现在我们也不清楚为什么有的花岗岩中有锡，有的花岗岩中则没有，这里面到底有什么约束条件呢？

锡是重金属，但它和其他的重金属有区别，它不是沉积在岩浆的底部，而是漂浮在岩浆的上面，所以它总是位于花岗岩的表面上，这是为什么呢？

因为岩浆中有许多的蒸气和气体，这些气态物质非常容易逸散，尤其是卤族中的氟和氯。根据实验得知，即使在常温下，锡和这两种元素也可以发生化合反应。在高温的岩浆中，反应更容易进行，生成了极易挥发的氟化物和氯化物。由于这时的锡是气态化合物，所以它会往上升，和硅、钠、锂、铍、硼等元素的挥发性化合物待在一起，等到岩浆冷却后就留在了花岗岩的上层。

由于外部环境的变化，花岗岩的上层的氟化物和氯化物会与空气中的水蒸气反应，生成了新的物质，锡离开了原来的氟和氯，被水蒸气中的氧原子氧化，变成了具有金属光泽的固体锡石，不再是气态物质。在生成锡石的过程中，还可能生成其他的矿物，例如黄玉、烟晶、绿柱石、萤石、电气石、黑钨矿、辉钼矿等，这些都是工业上的重要矿石。

花岗岩岩浆中的具有挥发性的氟化物和氯化物冷却后会生成锡石矿床，通过上面的内容我们知道，这不是生成锡石的唯一途径。挥发性的氟化物和氯化物来到花岗岩的上层后，和空气中的水蒸气反应也会生成锡石。这时，水蒸气可以把岩石中的多种金属的化合物带出来，尤其是硫化物。虽然我们不清楚整个过程，但我们知道，岩浆中的锡也可以跟着硫出来。锡离开花岗岩后，就把硫抛弃，就

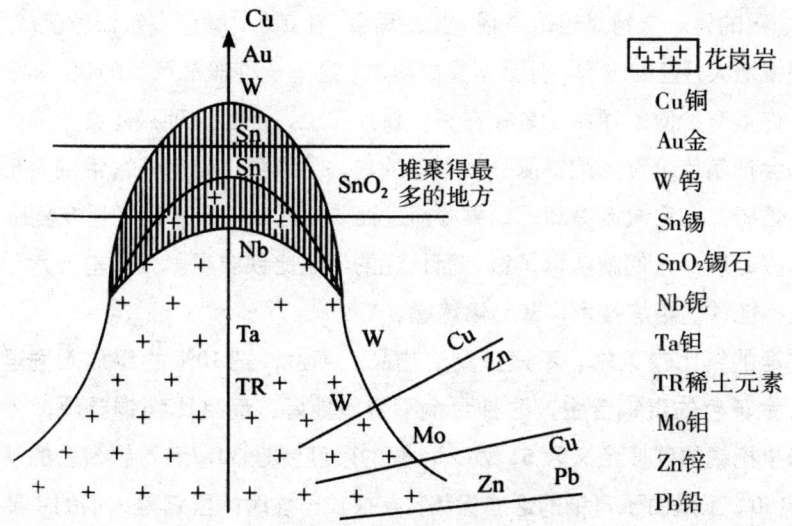

花岗岩中锡和其他金属的分布

像抛弃卤族中的氟和氯一样，然后去和氧气反应，这样也能生成锡石。

尽管许多矿物中都含有锡，但由于多种矿物很少见，甚至有几种稀少矿物，所以它们的工业价值很小。不过是过去，还是现在，锡石都是提炼锡的唯一矿石，锡石的主要成分是二氧化锡，在纯净的锡石中，锡的含量高达 78.5%。

锡石的颜色是黑色或者黄褐色，黑色的锡石中含有铁、锰等杂质。有时也会出现蜜黄色或者是红色的锡石，但无色的锡石非常罕见。一般情况下，锡石的颗粒非常小，硬度很大，化学性质稳定，比重也不小，在分化过程中，花岗岩中的锡石不会被破坏，只是和其他的重物一起待在被破坏的地方，可能是河床上，也可能是海岸上，逐渐生成冲积矿床。

因此，锡石有时会位于花岗岩中，有时会在冲积河床中。

锡石开采出来后，不能直接提炼，而是先选矿，去掉锡石中的各种杂质。在熔炼的过程中，利用了碳的还原性，碳和锡石中的氧生成二氧化碳，跑到空气中，熔炉中剩下的就是锡。

纯净的锡是柔软的银白色金属，有着金属光泽，只比银的光泽暗一点，锡的熔点是 231℃，还具有延展性，可以制成非常薄的锡片。

锡还有其他的性质。把锡弯曲的时候，可以发出独有的响声，我们称之为"喊

叫声"。锡的另一个特点也很奇怪,受冷后会"生病",颜色有银白色变成了灰色,体积慢慢增大,直到破裂,甚至是变成粉末。这是一种非常严重的病,被称为"锡疫"。许多有价值的锡器就是毁在了"锡疫"上,而且这种病还会传染,有病的锡制品会把病传给没病的锡制品。幸运的是,"锡疫"是有药可治的。把有病的锡制品熔掉,让它慢慢冷却,如果冷却过程非常成功,就可以把锡恢复原样。

远古时期,人们就认识了锡,而且锡的使用比铁要早。公元前五六千年时,人们还不懂铁的熔炼技术,却会熔炼锡。

纯净的锡比较柔软,不适宜制造物品。不过,把10%的锡加入铜里面,就制成了金黄色的青铜合金,这种合金不但质地好,而且比纯铜要硬,还容易制成。如果把锡的硬度定义为5,那么,铜的硬度就是30,而青铜合金的硬度则是100~150。正是由于青铜的这些优势,在很长一段时间里它是人们的主要用品,考古学家把这一时期定义为青铜器时代,那时,青铜不但制成了劳动工具、武器,还制作生活用品、饰品等物品。现在我们还不清楚,当时的人们是如何发现青铜合金的。我们可以这样假设,人们不断地熔化含有锡的铜矿石(现在也可以找到含有铜和锡的矿石),终于得到了铜和锡的混合物,产生了青铜这种合金,慢慢发现了青铜的各种用途。

考古学家在古人住过的地方,经常会发现各种铜制品,如铜币、铜像等,这些东西被埋在地下,保存得完好如初。经过化学检验分析,就可以知道这些东西是本地制造的,还是从外地来的。

古代提炼金属的方法很不完善,用现代的精密仪器可以观察出青铜中含有的杂质,有时凭借这些杂质可以推断出制造这件器皿的矿石来自哪里。如果考古学家能够证明,某件青铜器是在出土的地方制成的,那么,地质学家就应该在此地勘探锡矿,很可能找到我们需要的锡矿矿床。

即使在以后的铁器时代,青铜器依然有价值,人们用青铜制作成各种艺术品,铸造硬币、钟、大炮等物品。

锡和铅、锑等金属熔合后,可以生成不错的合金。

合金在现在工业中有着重要的作用,促进了工业的快速发展。多种金属熔合在一起的时候,这些金属的原子就会有规律地结合在一起,产生独特的性质,苏联的科学家已经知道了其中的原因。当多种金属熔合成合金后,分子结构就发生了变化，与任何一种金属的性质都不同，而是有了自己的性质。例如，柔软的金属熔成合金后，硬度往往会非常大。

锡和铅的合金是巴比特合金，这种合金主要用在巨大且精密的仪器或者是机床中，耐磨性非常好，又被称为"减磨合金"，它的摩擦系数很低，不容易磨损。在技术上有着重要的意义，大大延长了机器的使用寿命。

锡还可以用来焊接其他金属，我们所说的"焊锡"，也就是锡和铅、锑的合金，利用的就是锡的焊接性质。

在印刷业上，锡也有独特的用途，只是大家不知道罢了。活字合金里面的主要成分就是锡，我们把活字合金浇制成铅字或者是铅版。

氧化锡粉末是白色的，我们称之为"意大利粉"，它可以用来摩擦各种颜色的大理石，把大理石摩擦得像镜面一样亮，其他的物质不可能做到这一点。

锡的化合物有着广泛的用途，不仅可以用在化学工业和橡胶工业上，还可以用在印花工业上，给毛和丝染色，甚至用来制造搪瓷、釉药、有色玻璃、金箔、银箔，等等。在军事上，锡的用途更是巨大。

首先在亚洲发现了锡的矿床，接着是欧洲的不列颠群岛的南部，当时这些群岛被称为锡石群岛。很难说清楚，这些群岛和锡石的关系，群岛是因锡石而出名呢，还是锡石沾了群岛的光呢？很久以前就有锡石这个名词，在古希腊的诗人荷马的著作《伊利亚特》中，就用锡石来表示锡。需要注意的是，英国的康沃尔半岛的锡石和黄铜矿混合在一起，所以熔炼这种矿石可以得到青铜。

现在，马来半岛是锡的主要产地，锡的储量大约占全世界的一半。

马来半岛已知的锡矿有 200 多个，有些在花岗岩中，有些是冲积矿床，含量都非常丰富。主要是用水力来开采冲积矿床，水力冲洗机向冲积矿床喷射巨大的水珠，把含有各种矿物的泥浆冲到沟渠中，人们用力搅拌这些泥浆。在马来半岛，这个繁重的搅拌工作是由童工来负责的。在沟渠的出口处，放置了一道门槛，这道门槛拦截了比较重的锡石，等到锡石聚集得多了就运出去。显而易见，这是原始的开采方法，严重剥削了工人的劳动成果。

这种方法开采出来的锡石的含量大约是 70%，开采出来后就运到工厂去冶炼。

为了争夺锡这种资源，某些国家一直在进行战争。在第二次世界大战时，日本占领了亚洲大陆上和岛屿上的锡矿，甚至抢夺了英国在新加坡建立的炼锡工厂，生产出来的锡,一方面满足本国军事的需要,一方面提供给德国。这样一来,英国和美国就失去了这种宝贵的资源。

在地图上,含有锡的花岗岩和锡矿、钨矿、铋矿分布在太平洋沿岸,像是一个条形的带子,从南向北穿越了勿里洞岛、邦加岛、新克浦岛、马来半岛、泰国及中国的南部,占地面积广阔。

在这条带子中,有着丰富的锡矿及与锡矿有关的化合物,至于为什么是这样的带状结构,地质化学家还没有找到答案。

不仅马来半岛的锡矿储量丰富,南美洲玻利维亚也有大量的锡矿。在玻利维亚,锡矿主要分布在科迪勒拉山脉中。此外,澳大利亚的塔斯马尼亚岛和非洲的刚果也发现了锡矿,只是含量比较少。

现在,全世界每年锡的产量大约是 20 万吨,有一半制成了马口铁片。

罐头工业不断向前发展,对马口铁片的需求量越来越大,成千上万吨的鱼、肉、蔬菜、水果制成了罐头。朋友们,不知道你们是否考虑过罐头的重要性,马口铁片对于罐头来说意味着什么?马口铁片是由什么制成的?马口铁片就是普通的铁片,只是在铁片外面镀了一层薄薄的锡,这层锡的厚度大约是百分之一毫米。有了锡的保护,铁片就不会生锈了。而且,锡不能溶解在罐头的汁液

19 世纪的罐头工厂

中，不会危害人体的健康。在铁片外面镀锡是最好的选择，因为锡的性质稳定，不会发生变化。

在制罐头工业上，锡是必不可少的物质，它的作用是无可替代的。

2.10 无处不在的元素——碘

碘是大家非常熟悉的物质，手指头受了伤，可以涂上一些碘酒，用来止血消毒。不过，我们是否知道碘是什么物质，它在自然界是怎样发展变化的，它又有着什么样的命运呢？

在自然界中，碘是一种很神秘的元素，让我们琢磨不透。我们对碘的了解非常有限，不清楚它的旅行过程，不知道它是怎么来的，甚至不明白它为什么可以用来治伤。

值得一提的是，门捷列夫在排列化学元素周期表时，就注意到了碘的独特性。我们知道，元素周期表是按照原子数递增的规律来排列的，但碘和碲打破了这个规律，碲的原子量比较大，它却排在前面，这个情况一直没有变过。

当时，化学元素周期表中只有碘和碲是特殊的情况，破坏了周期表的规律。虽然现在可以解释为什么这样排列，但始终是一个例外，多次有人借此来批评门捷列夫的成就，说他编写的周期表有问题。

碘是一种固体物质，是具有金属光泽的灰色晶体，闪烁着紫色的光芒。如果把碘的晶体放到玻璃瓶中，玻璃瓶的上部很快会出现紫色的蒸气，这是固体碘升华形成的。

这是第一个矛盾，下面还有第二个。碘是灰色的晶体，它的蒸气却是紫色的，而盐类在一般情况下是无色的，只有很少的几种是淡黄色的。

还有一个奇怪的地方，碘是一种稀有元素，在地壳中的含量大约是千万分之一二，但它存在于地球的每一个角落。如果用精密的仪器来探测，在任何一个地方都可以发现碘原子。

不管是坚硬的岩石、土块，还是透明的水晶、非洲石，这里面都含有不少的碘原子。在海水中、流水中、土壤中、动植物体内，都含有大量的碘原子。当我们呼吸的时候，空气中的碘就进入了体内；当我们饮食时，食物中的碘就被我们吸收了；当我们喝水时，水中的碘又到了身体中。我们无时无刻不在摄取碘，离开了它就不能存活。于是，问题就产生了：碘的分布为什么这么广？这些碘是从哪里来的呢？最初的碘是如何形成的，它又是怎么跑到地面上来和我们接触的呢？

不过，我们始终没有发现碘的来源，分析了火成岩和熔化的岩浆，却没有找到含碘的矿物。地球化学家猜测碘是这样出现的：在地质史前时期，地球的外部刚刚形成一层硬壳，各种挥发性物质聚合在一起形成了云层，把灼热的地球包裹住。这时，碘和氯从地下深处的岩浆中跑出来，炙热的水蒸气凝结成水流后带走了这些碘和氯，所以最初的海洋中就有了碘，并且逐渐储存起来。

碘是不是这样来的，地球化学家还没有证实，就连碘在自然界中的分布也是一个未解的谜。在北极和高山上，碘的含量比较少；在低洼的地方和海岸的岩石中，碘的含量多一些；在沙漠地区，碘的含量更高，例如，在南非洲的大沙漠和南美洲的亚他喀马沙漠，发现了含碘的矿物。

碘不仅可以溶解在水中，还可以溶解在空气中，且在空气中的含量是有规律的，随着高度的变化发生变化。在莫斯科和喀山，碘的含量要比帕米尔和阿尔泰4000多米的高山上高出好几倍。

不但地球上有碘元素，就连从其他星体上落到地球上的陨石中也有碘。很久以前，科学家就在研究太阳及其他星体上的碘，但始终没有进展。

在海水中，碘的含量很高，大约是2毫克/升。在海岸边、三角港、湖泊中，海水渐渐减少，盐慢慢沉积下来，像是一条白色的毯子。黑海沿岸的克里木和中亚的很多湖泊中，都有这样形成的盐。苏联科学家研究后发现，这些盐里面没有碘，那么，海水中的碘跑到哪里去了呢？有一小部分留在了淤泥中，其他的大部分都挥发到空气中去了，只有很少的一部分残存在盐水中。只要某地方聚集了钾盐和溴盐，该地方就没有碘。

有时候，盐湖或者海的沿岸长满了水藻，这些水藻把岸上的石头覆盖了。各种化学反应使水藻的体内聚集了一些碘，每一吨水藻中大约含有几千克。在某些海绵体内，碘的含量高达10%。

苏联的科学家把太平洋沿岸研究得很透彻。在秋天的时候，海浪把大量的海带打到海岸上去，这些海带中含有几十万千克的碘。人们把这些海带打捞起来，

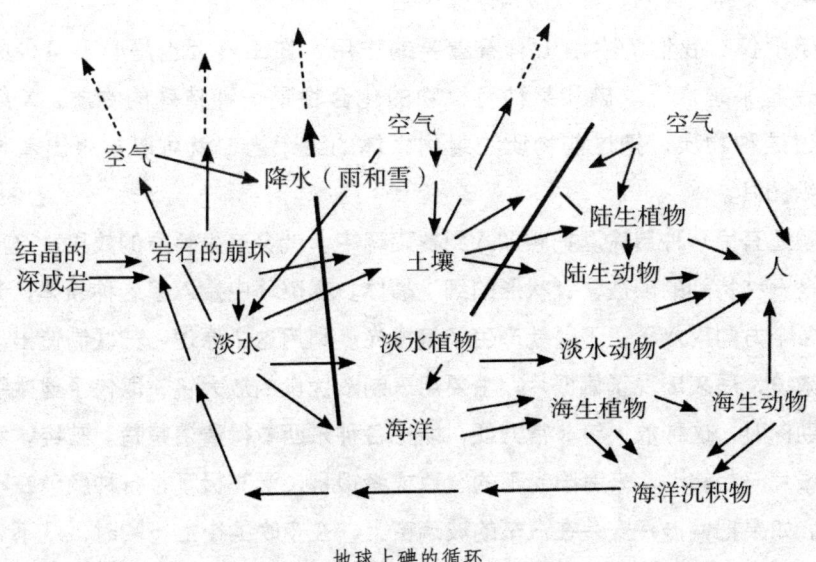

地球上碘的循环

一部分当作食物,另一部分燃烧后提取碘和钾碱。

到这里,碘的历史还没有结束。含有石油的地下水中也有碘,巴库附近就有这样的地下水,苏联就从这样的水中提取碘。

火山爆发时,也可能喷出碘来。

在地质史上,碘元素的脚步涉及非常广泛,要想为它描绘出一幅完整的旅行图,那是相当困难的。

碘到了人们手中,又多了一个谜。我们可以用碘来治伤、止血、杀菌、消毒,但碘又非常毒,碘蒸气会刺激黏膜,过量的固体碘或者碘液会毒死人。奇怪的是,缺了碘会影响人的健康。人和某些动物体内都含有适量的碘,否则就会出问题。人缺碘时就会得一种病,脖子会变粗,俗称"大脖子病",也就是医学上所说的甲状腺肿大。高山地区的人们容易得这种病,例如在高加索中部和帕米尔的某些村落,得病的人很多。在阿尔卑斯山,这种病也经常见到。

近几年,美国的科学家发现国内一些地区也出现了甲状腺肿大这种病。把甲状腺肿大流行的区域在地图上标示出来,再绘制一张图表示水中碘的含量,我们

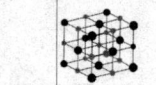

可以找到这两张图的相似之处。

人体对于碘的敏感度很强,只有空气中或者水中缺少碘,身体就会受到影响。得了甲状腺肿大之后,可以服用碘盐来治疗。

碘不仅在我们的生活上有着重要的作用,在工业上也是必不可少的,它的用途越来越广泛。碘和某种有机物的化合物是一种特殊的物质,X 射线不能穿过这种物质,把这些物质注射到人体的组织内,就可以拍摄出清晰的内部组织图片。

碘还有另一种用途。把碘加入到赛璐珞中,就会产生特殊的效果,这里所说的碘是一种特别的碘盐,针状形的细小晶体。赛璐珞中掺入了这种晶体,光就无法从各个方向射入了,于是就产生了偏振光。利用这个原理,苏联制造出了偏振光显微镜,后来出现了偏振片,主要用来制造优良的放大镜,取代了显微镜。在野外勘探时,这种放大镜非常方便,能把各种东西看得清清楚楚。曾经,我使两个偏振片一起转动,来看阳光下的壁毯或者银幕,漂亮极了,各种颜色在不停地变化。如果把偏振片安装在汽车的玻璃窗上,在夜晚的街上行驶时,就不会受到迎面而来的汽车灯光的影响,因为偏振片滤去了其他各个方向的光,只剩下正前方的两个小点。

飞机上安装上偏振片,在黑暗的上空飞行时,用降落伞带着照明弹下降,凭借着照明弹的光亮就可以看清楚地面上的所有东西。

碘元素的用途多种多样,非常广泛,关于它的起源,以及后来的发展变化,我们都不是太清楚。只有深入研究后,才能弄明白这些问题,了解这个无处不在的元素。

1811 年,法国药剂师库图阿在植物的灰烬中发现了碘元素,然后用植物灰制造了硝酸钾。当时,碘元素并没有引起化学家的重视,直到一百年后,人们才开始注意这个发现,并给予了高度的评价。

2.11 能够腐蚀一切的元素——氟

在我想要写这本书的时候,打算用一章来写氟这种元素和它的性质,等到要写的时候才发现我的知识不足,我没有研究过氟及其化学物的特点,也不知道氟在工业上的作用,所以写起来比想象的要困难。

我只好去查阅以前写过的文章，在描写地球上的各种元素的内容中，我找到了不少材料，下面的内容就是依据这些材料编写成的。

在达尔文的自传中，说过科学家要如何工作。他认为科学家没必要记住一切，只要把观察到的现象或者是新奇的见解记录到本子上，归类后整理出来就可以了。

达尔文反对科学家把所有的问题都放到一起，就像是一个巨大的书库，里面包括了一切问题。他给自己提出目标，几年内要解决几个问题，然后一心一意去找答案。有时候为了解决一个问题，可能要找许多资料，会占用不小的空间。

经过几年或者几十年的积累，他整理了大量的科学资料，把这些资料按照一定的顺序编排成著作，这些作品就是打开现代生物科学大门的钥匙。

对于编写大部头的书籍来说，达尔文的方法是非常好的。在20年前，我就开始模仿达尔文的做法，像他那样整理资料、编写书籍。我把手中的大部分资料交给了科拉半岛的西比内研究所，只剩下近几年研究的几个问题，留下的书籍也是与此相关的。

其中有一个重要的问题，那就是解决地球上所有元素的历史，把每种元素的起源、发展、变化详细地写出来，让地质学家、矿物学家、化学家了解各种元素的旅行过程，以及元素的性质和主要的用途。

于是，当我写关于氟的内容时，就找到了五部分记录，下面是整理后的内容。

第一部分

我很早就想去位于外贝加尔的矿床看一看，因为朋友从那里帮我带来了奇妙的黄玉晶体，那是一种美丽的氟矿石，还给我带了各种颜色的萤石晶体和晶簇，萤石是工业上的重要原料。

我们终于坐上火车，来到了满洲里车站。

车站上停着一辆马车，我们乘坐马车向外贝加尔南部的草原奔去，鼠曲草像是一条巨大的白毯铺在大草原上。下了马车后，我们沿着斜坡向山顶走去，越往前走景色越美丽。这里的花岗岩中出现了蓝色、浅黄色、浅蓝色的黄玉，伟晶花岗岩里面有八面体的萤石晶体，这是氟和钙化合而成的。令我们惊讶的是，在一个小山谷中有这种矿物的丰富矿床。

这里的花岗岩中没有单个晶体，都是聚集在一起的颜色各异的萤石，有粉红

查尔斯·罗伯特·达尔文,英国著名的生物学家、博物学家,还是进化论的奠基人。曾经,他乘坐着贝尔格号环球航行了5年,考察了各地的动植物及地质情况,接着出版了《物种起源》这一巨著,提出了生物进化论学说

色的、紫色的、白色的等,在阳光的照耀下闪闪发光。

这种矿石开采出来后,途径西伯利亚,运到乌拉尔、莫斯科、圣彼得堡的冶炼厂去。在这里,我仿佛看到了很久以前地下的岩浆喷出来,岩浆中的挥发性的氟化物聚集在一起,逐渐形成了萤石。萤石的形成是花岗岩冷却的一个阶段,花岗岩的周围是炙热的蒸气和气体物质。

这时,我想起了关于萤石的另一个说法。在旧的矿物学上,记载了萤石的颜色很美,可以用来制作名贵的花瓶,这种花瓶就叫萤石瓶。

在英国,有一个工业部门专门在研究萤石,在博物馆中我们可以看到美轮美奂的萤石制品。

最后，我想起曾经在莫斯科郊区发生的一件事情。

那时，我正在莫斯科的第一国民大学担任讲师，给学生讲述矿物学知识。有一次，我给学生布置了这样一个课题：研究莫斯科附近的矿石。在这些矿物中，有一种紫色的石头，是140多年前在莫斯科的韦列亚县的拉托夫山发现的，所以称之为拉托夫石。

这种矿物位于石灰岩中，是一种紫色的岩石矿层。在伏尔加河的支流奥苏加河和瓦祖泽河一带，有大片的这种矿物，颜色是暗紫色的。我们把这种矿石带回实验室，研究后发现这是纯净的氟化钙，也就是上面所讲的萤石。这是一种美丽的紫色晶体，在石灰岩中整齐地排列着，让人难以相信它是由熔化的花岗岩中喷出的气体形成的，成因与外贝加尔的黄玉、西伯利亚东部的萤石的成因相同。

这些萤石和莫斯科一带古时候形成的花岗岩相距2 000多米，所以萤石才会聚集在奥苏加河和瓦祖泽河一带，不知道是否还有其他的化学因素在起作用。在卡尔宾斯基院士的领导下，苏联的青年弄清楚了这些萤石的来源，原来这些萤石和古代的莫斯科海底的沉淀物有着密切的联系，在某些海生生物的作用下，主要是石灰质的贝壳，它们的细胞中有着氟化钙，慢慢形成了萤石矿层。这些清楚地向我们展示出，氟的发展变化是多么曲折、复杂。

亚历山大·彼特罗维奇·卡尔宾斯基院士（1847—1936）

第二部分

这部分内容是我出席哥本哈根国际地质会议后写下的一篇日记。

会议结束后，我们去了哥本哈根附近的冰晶石工厂，那里有大量雪白的冰晶石，来自格陵兰沿岸酷寒的山顶。这种石头看起来像冰，唯一的产地是格陵兰西岸的冰天雪地的北极，完全符合石头的外形。冰晶石开采出来后，就用船运送到哥本哈根的工厂去。然后，把铅、锌、铁矿石筛拣出来，剩下的是雪白的粉末，可以当作炼铝的熔剂。

把白色粉末装在特殊的箱子里，运送到化工厂去，把它和铝矿石一起放到熔炉中，熔炼出来的是闪着银光的金属铝。在提炼金属铝时，冰晶石有着重要的作用。

要知道，其他的物质无法取代冰晶石来炼铝，不管是战争年代还是和平时期，铝都是工业上必备的原料，全世界每年铝的产量高达 200 万吨。

虽然现在可以用人造的氟化铝和氟化钠的混合盐来替代冰晶石炼铝，但我们不要忘了，它们依然是冰晶石，只不过是人造的，不是天然的罢了。

第三部分

塔吉克斯坦的湖畔有一些险峻的悬崖峭壁，峭壁上就有透明的萤石。这些萤石非常透明，可以用来制作显微镜的镜头或者精密的仪器。由于工业上需要透明的萤石，所以组成了勘探队来到这座悬崖上。在开采的过程中，勘探队遇到了许多困难，想要在致密的石灰岩中开采出透明的萤石确实不易。

经过长期的艰苦劳动，克服了重重苦难，终于开凿出一条小路，可以通往悬崖上的萤石矿床。不过，要把一块块的萤石运下来，运送到附近的村落中去，还是非常困难。萤石开采出来后，塔吉克人排成一条长龙，用双手一块块地传递下去，然后用软草包好装在箱子里，最后用马车拉到撒马尔罕。就这样，苏联的光学仪器工厂取得了萤石，用来制造各种透镜，拥有了全世界最好的光学仪器。

第四部分

我在捷克的某疗养地休养时，受邀参观了一座玻璃工厂，这是一座拥有最新机械化技术的工厂。这里有制造大玻璃的车间，车间的规模非常大，不时有巨大的玻璃被熔炼出来。某些车间专门制造精制玻璃，用稀土族的盐类或者铀的盐类来染色。最令人难忘的是雕刻车间，用最好的玻璃雕刻成花瓶，然后在花瓶的外面涂上一层薄薄的石蜡，雕刻师在石蜡上雕刻出各种精美的图案。雕刻师用小刀把有些地方的石蜡去掉，有些地方刻成花纹，于是就出现了一幅森林狩猎图。然后，把这个模型复制许多个，用仪器把图案的轮廓描绘出来，可以制作好多个相同的花瓶。接着，把这些花瓶放到炉子里，炉子用铅衬里，氟化物的蒸气通到炉子中后，氢氟酸会腐蚀花瓶上没有石蜡的部分，有些地方腐蚀得轻一些，有些地方重一些，这样就变成了毛玻璃。最后，把花瓶放到酒精中或者水中加热，等石蜡熔化掉后，就出现了精美的图画。这时，只要用刻刀把画面上不完美的地方修一下，一个美轮美奂的花瓶就出现了。

第五部分

最后这一部分关于氟和它的化合物的内容是大学讲义中的一段。

氟是一种气体物质，有一股麻醉臭味，化学性质非常活泼。它几乎可以和一切的元素化合，发生爆炸时会放出大量的热，它和金也可以反应。因此，很难得到纯净的氟。1771年，舍勒发现了氟元素，直到1886年才制得纯净的氟。

亨利·莫瓦桑（1852-1907），法国无机化学家，1886年用电解法制出了纯净的氟，1906年获得了诺贝尔化学家。

在自然界中，大家很熟悉氢氟酸的盐类，尤其是氟化钙，这是一种色彩鲜明的矿石，它的名字叫做萤石，可以加快金属矿石的熔化速度。

除了氟化钙，磷灰石也是一种含氟较多的化合物，氟的含量大约是 3%。

氟主要是由熔化的花岗岩中的挥发性物质形成的，也有一小部分是由海洋中的沉淀物形成的，有机物逐渐积累变成了氟化物。

块状的萤石是制造光学玻璃的，光学玻璃有着独特的性质，紫外线可以穿过它。另外，带有花纹的萤石可以制作成美丽的装饰品。

不过，萤石的主要用途是帮助金属熔化，以及制造氢氟酸。氢氟酸是一种强酸，溶解能力非常好，甚至可以腐蚀玻璃和水晶。

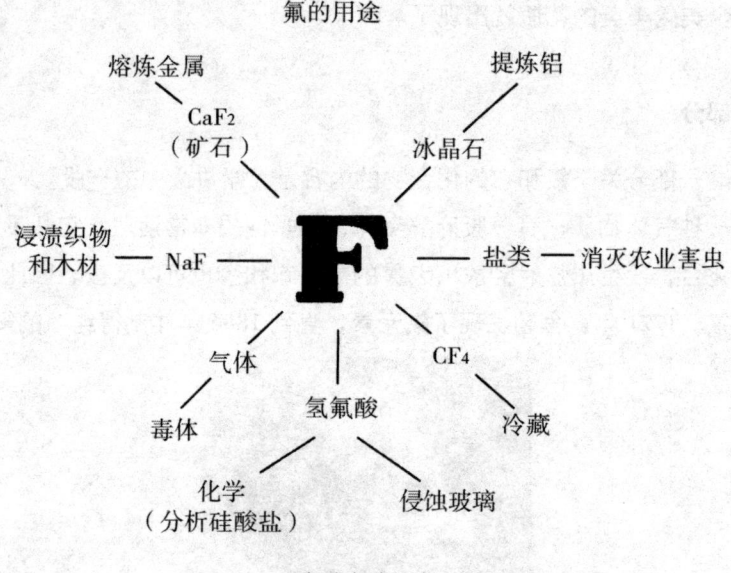

氟的各种用途

氟化钠和氟化铝的复盐叫做冰晶石，用电解方法制取铝的时候会用到。氟对动植物有着重要的作用，它是生命的必需元素。不过，氟的含量超标时也会产生危害，引发各种各样的疾病。

海水中也含有氟，一部分是由于生物作用聚集起来的，另一部分是含在其他的化合物中的，例如碳酸盐、硝酸盐等。每一升海水中含有一毫克的氟，牡蛎壳中含的氟比海水中的多，大约 20 倍。

近几年，化学家研究了门捷列夫周期表，发现了氟的新用途，那就是可以用它制造四氟化碳。四氟化碳没有毒，和空气混合后不会爆炸，性质非常稳定，而且从固态变成气态时可以吸收大量的热。由于这个特性，可以把四氟化碳用在冷藏柜中。现在，只用四氟化碳就可以制出冷藏装置，用来冷冻食品。

结 语

这就是我依据找到的五部分内容，稍加整理后写成的。上面的内容已经把氟的性质和用途讲解得够详细了，但这个元素在未来还会有更广阔的前途。将来，多种复杂的气体都会和氟产生联系。氟化物是可怕的毒物，也是很好的防腐剂，它能够保持低温，甚至低到零下 100 摄氏度，这样的低温很适合保存食品，而且价格低廉。

现在，我们对氟的了解还不是太透彻，它的化合物还有许多特殊的性质，这些还要慢慢研究。将来氟在国民经济上有多大的用途，在工业上会发挥什么样的作用，我们还很难说清楚。

2.12 20 世纪的重要金属——铝

铝是一种有趣的元素，它的有趣不仅是因为它在我们的生活中、技术中、国民经济中有着重要的作用，铝镁合金是制造飞机的重要原料；更重要的是铝的性质，尤其是它在地球化学上的作用。虽然人们认识铝、使用铝的时间不长，但它是自然界中分布最广泛的元素之一。

在不同的时期，风化破坏的岩石变成了黏土或者沙子，在它们下面有一层坚硬的岩石包裹着地球，这就是我们所说的地壳。

这层岩石的厚度大约是几百千米，最新的研究显示，可能比这个数据还要厚。在地壳的下面是另一个地层，那里有着各种各样的金属矿石，再往下就是地球中心，那是一个实心的铁核。

地球表面的岩石形成巨大的凸起，逐渐形成了大洲或者大陆。在大陆上又出现了更多的褶皱，慢慢变成了山脉。

正是因为有了这层地壳，所以才形成了大陆和山脉。地壳的主要成分是铝硅

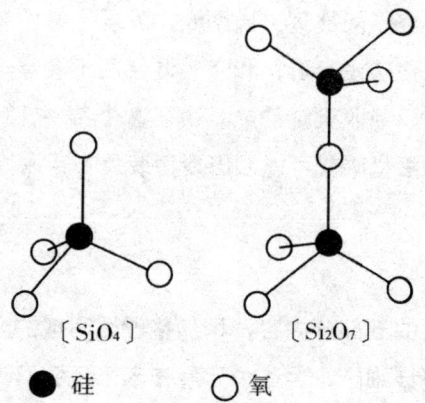

[SiO₄]　　　[Si₂O₇]

● 硅　　　○ 氧

酸盐和硅酸盐，通过名字就可以判断出，铝硅酸盐中含有硅、铝、氧，所以地壳被称为"硅铝层"。

硅铝层的主要矿物是花岗岩，氧的含量是 50%，硅的含量是 25%，铝的含量是 10%。由此可知，在地壳的所有元素中，铝的含量占据第三位，在金属元素中居首位。在地球上，铝的含量比铁要多一些。

铝、硅、氧是组成地壳的主要元素，在这一层中它们生成了多种化合物。在这些矿物中，原子的排列很有规律，通常是四面体结构，硅原子或者铝原子在中间，氧原子分布在四个角上。

由此可知，不仅有硅氧四面体，还有铝氧四面体。而且，铝在四面体中有着

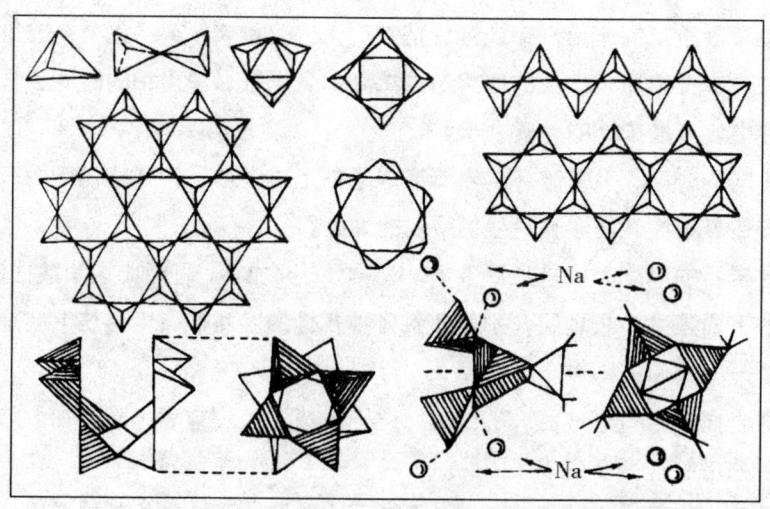

硅氧四面体的各种搭配方法，下排是长石和钠沸石骨架结构投影

两个方面的作用：一方面分布在四面体的中间，连接着周围的氧原子；另一方面占据了硅的位置，起到了支撑作用。

硅和铝的四面体相互配合，生成了地壳中的各种矿物，这些矿物通称为铝硅酸盐。硅、铝、氧排列的图形看起来像是花边，或者是各种布料上的花纹。其实，这些图形是 X 射线确定的，X 射线把矿物内部的结构清晰地显示出来。

小时候，我们觉得石头单调乏味，无法引起我们的兴趣。现在，我们去探究石头的内部结构，才发现远比我们想象的要复杂得多。

铝硅酸盐的分布非常广泛，长石就是一个很好的例子，地壳中的 50% 含有长石。花岗岩、片麻岩及其他的岩石中都有长石，这些岩石把地球包围起来，有时还在地面形成山脉。

在几千年的时间里，长石不断被风化，在地面上堆积了许多黏土，里面含有 15% 到 20% 的铝。黏土在地面上无处不在，又因为黏土中含有铝，曾经把铝称为"黏土素"。大家不习惯用这个名字称呼铝，所以后来有了另一个名字，把氧化铝叫做矾土。

黏土的组成成分无比复杂，不容易从它里面提取出铝，幸运的是，自然界中含铝的物质非常多。例如，矾土中就含有大量的铝，这种物质是铝和氧在自然状态下形成的化合物。在自然界中，矾土有多种状态。

我们把不含水的氧化铝叫做刚玉，这是一种坚硬的矿物，看起来非常漂亮。不同矾土的透明度有着巨大的差异，这是因为它们不仅含有铝和氧，还有微量的铬、铁、钛等染色物质，这种有色的矾土是漂亮的石头。在矾土中掺有少量的有色物质，矾土就会发生巨大的变化，变得美轮美奂！这就是闪闪发光的红宝石和蓝宝石，这两种宝石一直是人们的最爱。在古时候，人们用不太纯净的、不透明的、褐色、灰色、浅蓝色或者浅红色的刚玉晶体制作装饰品，就硬度而言，刚玉仅仅比金刚石差一点。

刚玉可以制成各种坚硬的物品，像是刀具、武器、机床、机器上用的各种钢等。在刚玉中加入磁铁矿或者是其他矿物，可以生成大家所熟悉的金刚砂。毫无疑问，我们多次用金刚砂去磨制刀具。

当然，我们可以从刚玉中提取铝，但通常不会这样做，因为刚玉本身有着巨大的价值，而且在自然界中的含量很低。

从远古时期到现在，人们一直在使用花岗岩、玄武岩、斑石、黏土及硅铝酸盐生成的各种岩石，这些岩石可以修建房屋，铺桥造路，制作工艺品，烧制瓷器，等等。

几千年来，人们一直没有发现铝的特性和用途，没有想过要利用含在矿石中的这样金属。

在自然界中，铝从来不是以单质存在的，总是和其他的元素化合在一起，这些化合物的性质和金属铝的性质截然不同。

人们经过不懈地努力，终于得到了金属铝，使它的价值得以实现。

120多年前，有人提炼出具有金属光泽的铝，只是量非常少，没有引起大家的重视。当时，谁也不知道铝有什么作用，再加上难以提炼，所以被抛在脑后。19世纪初期，许多科学家用电解法得到了金属铝，在高温下电解铝的化合物，阴极就会析出铝，上面覆盖着一层渣滓。电解得到的铝是纯净的银色金属，当时的人们称之为"黏土中提炼出的银"。

后来，工厂也用电解法制铝，大大扩展了铝的用途。虽然铝的颜色和银相同，但性质千差万别。

现在，不是从黏土中提炼氧化铝，而是从铝矿石中，这是一种含水的氧化铝，叫做矾土的水化物，有两种表现形式，一种是一水硬铝石，另一种是三水铝石。一般情况下，这两种矿物会和铁的氧化物、二氧化硅混合在一起，生成黏土状或者石头状的矿层，也就是铝土矿，这种矿层主要位于海底的沉积物中。

铝土矿是工业上提炼铝的矿石，里面所含的氧化铝的量高达70%。苏联的化学家研究出了一种新方法，可以把希比内山所产的霞石（$Na_2Al_2Si_2O_8$）变成氧化铝。在蓝晶石中，氧化铝的含量高于50%，白榴石和钠明矾石中也有氧化铝，科学家的任务就是从这些矿石中提炼出氧化铝。直到目前为止，只有霞石可以替代铝土矿提炼氧化铝，其他的矿物都不行。

要想得到纯净的金属铝，需要两个过程：第一个过程是从铝矿石中提取出纯净的无水氧化铝，第二个过程是把氧化铝放到电解槽中电解制铝，电解槽中要放上石墨板。

首先，把氧化铝和冰晶石的粉末放在电解槽中；然后，通入很大的电流，使槽中产生1 000℃的高温。这时，冰晶石会熔化，氧化铝溶解在冰晶石中，在电流的作用下分解成铝和氧。槽的底部是阴极，铝就在这里聚集起来，槽底有一个特制的开关，可以让电解的铝流到模型中。在模型里，液态的铝逐渐凝聚成固态的铝块。

在一百年前，要制造金属铝非常困难，所以那时的一磅铝价值40个金卢布。现在，利用电解方法，可以制造出大量的铝。

现在，大家清楚了铝的性质，铝是一种轻金属，重量大约是铁的$\frac{1}{3}$。而且，铝的延展性很好，可以抽出细细的丝，还可以压成薄薄的片。铝有着独特的化学性质，一方面铝制品不怕氧化，铝制的锅、罐就是很好的证明；另一方面，铝和氧又可以亲密结合，生成氧化铝。伟大的化学家门捷列夫早就解释了这种矛盾的现象，在金属铝提炼出来的时候，铝的外面马上就覆盖了一层氧化铝薄膜，防止铝继续被氧化。这是铝的自卫功能，其他的金属没有这种功能。例如，铁被氧化后生成铁锈，但铁锈不能防止铁继续被氧化，因为铁锈比较稀疏，空气中的水蒸气和氧气可以透过铁锈和里面的铁接触，继续发生化学反应。不过，包裹着铝的氧化铝薄膜非常致密，氧气无法穿透这层膜，所以把里面的铝保护得很好。

受热时，铝可以和氧气发生反应，生成氧化铝，并且释放出大量的热。可以利用铝的这个性质，还原其他金属的氧化物。在化学上，这种方法叫做铝热法，在反应过程中，铝可以把其他氧化物中的氧原子夺过来生成氧化铝，失去氧原子的金属氧化物就变成了金属单质。

例如，把氧化铁粉末和铝粉放在一起，用镁条点燃混合物，就会出现激烈的反应，放出大量的热，温度会达到3 000℃。在这样的高温下，被还原出来的铁熔化成铁水，氧化铝是渣滓状的，漂浮在铁水上面。在工业上，人们就利用铝的这种性质来还原其他的金属。

钛、钒、铬、锰等金属可以用这种方法得到。由于反应过程中的温度很高，所以可以用铝和氧化铁的混合物铝热剂来焊接钢铁。在焊接铁轨的时候，把燃烧的铝热剂置于两段铁轨的接头处，就把它们焊接好了。

在很短的时间里就有重要用途的元素，铝是唯一的一个。

铝很快走进工业部门，用来制造汽车、机器，在很多地方替代了铁。在军事上，铝的加入创造了一个奇迹，用它制造的"袖珍战舰"具有大型战舰的威力。

人们已经可以从天然矿物中提炼大量的铝，铝不仅在陆地上有着广泛的用途，也在天空上发挥作用。

铝或者是铝合金，可以用来制造飞艇、机身、机翼，甚至是金属飞机。

在航天这个新的工业部门中，铝的用途越来越广泛，它们会一起发展起来的。

在天空中飞行的飞机，除去发动机，69%的重量是铝和铝的合金，即使在发动机中，铝和镁这两种轻金属的含量也高达25%。

在工业上，铝的需求量很大，有些火车的车皮全是用铝制成的，航空工业上铝的使用量也很多。另外，每年有几十万吨的铝用来制成铝丝和各种零件。

不过，铝的用途还不止这些。

探照灯上的反射镜，机关枪子弹带上重要的零件，照明弹、燃烧弹中使用的铝粉，等等。再想一下人造结晶矾土的重要作用，这种物质就是用铝矿石制成的，不仅可以用来当作研磨料，还可以用在金属的加工业上。

在纯净的氧化铝中加入少量的染色物质，结晶后就可以得到美丽的蓝宝石和红宝石，无论是硬度还是色泽，这种人造宝石都不比天然宝石差。这种宝石非常耐磨，主要用在精密的仪器中支撑比较重的部分，如钟表、天平、电表、电流计等仪器。

把铝粉涂在铁片的表面，就可以得到不容易生锈的铝铁片。而且，铝粉还可以制成石印油墨，绘制木版画的民间艺术家需要用到铝粉。首先在木板画上涂上油，然后把铝粉轻轻地撒在画的上面，这样就制成了有着金属光泽的底子，艺术家可以在底子上绘制各种颜色的图案。

为什么说铝是20世纪的重要元素呢？那是因为铝具有特殊的化学性质，用途越来越广泛，储量又非常大，所以我们相信，铝的作用会像铁器时代的铁的作用一样。

2.13 将来的金属——铍

历史学家告诉我们，罗马皇帝尼禄在观看角斗士比赛的时候，喜欢在眼前放一块祖母绿。尼禄下令焚烧罗马时，他就隔着祖母绿看着熊熊烈火，绿色和红色融合在一起，像是恶魔的黑舌头。看到这种现象，尼禄不但不觉得恐怖，还无比兴奋。

当古希腊和古罗马的艺术家不知道金刚石时，他们为了在石头上雕刻像做纪念，便于大家永远记住他，从遥远的非洲的努比亚沙漠找到纯净的祖母绿，然后运到自己的国家。

在印度人眼中，金黄色的金绿宝石和祖母绿同样重要，金绿宝石的产地是印度洋的斯里兰卡岛的沙地中，当地人也喜欢浅黄绿色和蛇色的石柱，还有浅蓝绿色及海蓝色的宝石。后来，人们发现了稀有的蓝柱石，珠宝商称之为"柔美的蓝水"；还发现了另一种宝石，阳光一晒就会褪色，这就是火红的硅铍石。

这些宝石色泽优良、纯净透明、光彩夺目，吸引了无数人的眼光。化学家一直在研究这些宝石的成分，没有任何发现，他们断定这些宝石是矾土的化合物。

两千多年前，埃及女皇克利娄巴拉派人来到努比亚沙漠，就是为了开采绿柱石和祖母绿。

从地下深处开采出来的绿石头，被骆驼商人运送到了红海沿岸，然后通过水路运到各个国家。于是，这些珍贵的宝石就到了印度贵族、伊朗皇帝、土耳其统治者手中。

发现美洲大陆后，欧洲人发现这里暗绿色的祖母绿颗粒比较大，色泽也很好，于是将其运送到欧洲各地去。

秘鲁和哥伦比亚有大量的绿柱石，印度安人把这些绿柱石开采出来后，选了一个最大的当作女神像，供奉起来让人们参拜。西班牙入侵后，就把这些宝石都抢走了。

接着，西班牙人攻占了哥伦比亚的寺院，抢走了里面值钱的东西。由于宝石矿床在深山中，在很长一段时间里，西班牙人没有找到，但他们不肯放弃，又经过了一段时间才找到宝石矿床，开始开采宝石。

18世纪末，哥伦比亚的宝石都被掠夺完了。

也是在18世纪，巴西沙地上发现了海蓝色的宝石，这种宝石像海水一样神奇，颜色千变万化，像苏联南部的海水那样雄伟壮丽、包罗万千。只要你看过画家艾瓦佐夫斯基的油画，就可以明白这种景象。

1831年，乌拉尔的农民马克辛·科热夫尼科夫在挖掘枯树根的时候，在一个树根下发现了一颗祖母绿，这是在俄国发现的第一颗祖母绿。

世界上到处都有祖母绿矿坑，无数的绿柱石被运送出去，颜色鲜艳的用来雕琢，剩余的全部扔掉。

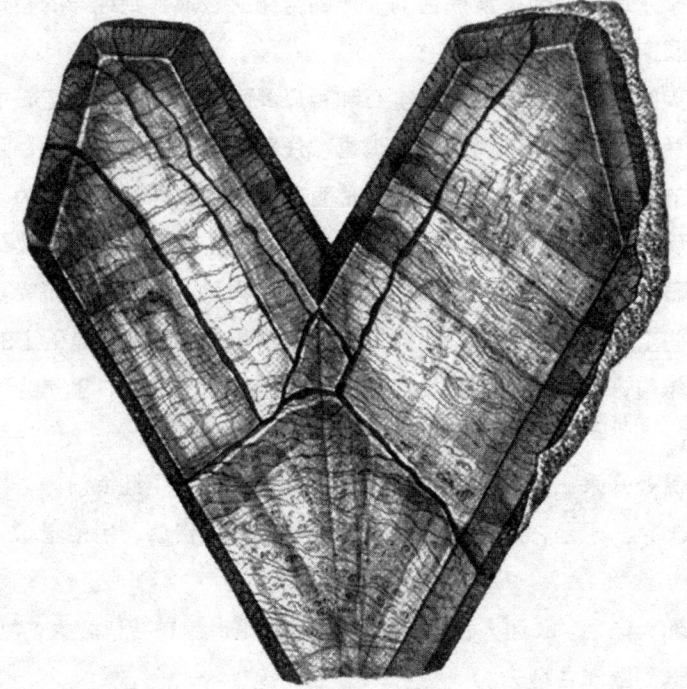

乌拉尔出产的双头绿柱石晶体切面图

这就是绿宝石的历史,早在公元前几百年人们就发现了它。

这种绿宝石有着一个美好的未来,因为它里面含有一种珍贵的金属,这种金属叫做铍。

1798年之前,没有人能猜到绿宝石中含有金属铍。

在法国革命历的六年雨月26日(1798年2月15日),法国科学院召开了会议,化学家沃克兰发表了一个令人震惊的消息,在一直被认为是矾土的矿物中,他发现了一种新元素,把这种元素命名为"铍"希腊文的含义是"甜味",因为这种元素的盐类有甜味。

这个消息迅速传开,其他的化学家做了多次试验,证实了沃克兰的话的正确性。不过,新元素在矿物中的含量很低,还不到5%。接着,化学家研究了这种元素在地壳中的分布,确定了它是一种稀有金属,含量大约是0.0004%,比铅和钴多一些。和它的伙伴金属铝相比,它的稀有显而易见,地壳中铝的含量是它的二万多倍。

最近，化学家和冶金学家正在研究这种金属，逐渐掌握了它的一些性质，它的未来是无可限量的，我们把铍称为未来的金属元素非常有道理。

其实，铍的比重比轻金属铝还要轻。你是否知道，铍的比重是水的 1.85 倍，铁的比重是水的 8 倍，铂的是 21 倍。

铍和铜、镁可以制成合金，合金的比重也很轻。

虽然我们还不是太清楚铍的各种用途，有些国家还在秘密研究铍的作用，但我们知道铍的合金可以用在飞机上，在制造汽车发动机的活塞时可以加入一些绿柱石粉末。另外，X 射线可以穿透铍的薄片，铍的合金又轻又坚固，含少量铍的青铜发条非常好用。

铍是一种奇妙的元素，无论是理论上还是实际上，它都有重要的意义。

我们知道铍在花岗岩中，在熔化的花岗岩的最后一部分气体中，和其他的挥发性气体、稀有金属聚集在一起，位于最后冷凝的那些花岗岩中。

这就是伟晶花岗岩，铍在里面生成闪闪发光的宝石。

铍还会和其他的矿石聚在一起，我们已经知道了哪里可以寻找到铍，因为了解了铍的发展变化过程，认清了铍的特性。

铍矿的勘探工作在如火如荼地进行，勘探规模越来越大。

大家都在寻找铍在工业上的新用途。技术家想找出矿石中提炼铍的好方法，冶金学家在思考用铍制造出超轻合金，用来推动飞机制造业的发展。

为了使飞机和飞艇飞得更高、更成功，仅仅依靠轻金属是不行的。我们可以预见，在未来的航空业上，铍一定会产生重要的作用。

那时，飞机的速度将会大大提高，每小时可以飞行好几千千米。

为了实现铍的美好未来，大家要多多努力！

地质学家，你们要努力寻找新的铍矿；化学家，你们要找到分离铍和铝的方法；工程师，你们要提炼出优质的超轻合金，这种合金不会沉到水底，还要有着钢铁般的硬度，橡皮般的柔软，铂金般的结实，宝石般的永恒……

这些听起来像是难以实现的神话，但时间让无数的神话变成了现实。在几十年前，无线电不也是遥不可及的神话嘛！

2.14 汽车离不开的物质——钒

福特说："离开了钒,就无法制造汽车。"福特用钒钢制造了汽车轴,走上了致富之路。

萨莫伊洛夫说："离开了钒,好几种动物都无法存活。"萨莫伊洛夫是著名的矿物学家,他发现某些海参类动物血液中钒的含量高达10%。

地球化学家说："离开了钒,石油就不存在了。"地球化学家认为,在石油的生成过程中,钒起到了重要的作用。

在很长的时间里,没有人知道有一种金属叫做钒,而且为了制取钒,化学家争论了几十年。

很久以前,有一位女神住在遥远的北方,她的名字叫做凡娜迪丝,她长得非常美丽,是个人见人爱的女神。有一天,女神在舒适的椅子上坐着,门外传来了敲门声,她在心里想:"他再敲一次,我就给他开门。"可是,那个人没有再敲门,而是离开了。女神非常疑惑,"这个人是谁呢?既然敲门为什么不坚持下去呢?"于是,女神走到窗户前,看见了刚才那个敲门人,他正走在街上,他的名字是沃勒。

几天后,又有一个人来敲门,这个人始终没有放弃,直到女神开门为止。打开门,女神见到一个美男子,他叫塞弗斯特姆。他们两人开始恋爱,后来生了一个儿子,起名为凡娜吉,也就是钒。1831年,瑞典的物理学家兼化学家塞弗斯特姆发现了这种金属元素。

上面的故事是瑞典的化学家贝采利乌斯写给友人的信的内容。

他用这样一个神话故事叙述了钒的发现过程。不过,在沃勒之前早就有人敲过女神的大门,那就是著名的戴尔·利奥。他是西班牙的杰出人物,曾为了墨西哥的自由而奋斗,是一名无所畏惧的战士,他还是著名的化学家、矿物学家、矿山工程师、矿坑测量师,是一个博学多才的人物。1801年,他在研究墨西哥的褐色铅矿时,发现了一种新的金属。由于这种金属的化合物有着各种各样的颜色,利奥称这种金属是多种色彩的金属,后来改名为红色的金属。

不过，利奥没有把这种金属提取出来，他把矿石标本送给其他的化学家去研究，他们都认为矿物中的物质是金属铬。化学家沃勒也是这样认为的，所以他没有敲开女神的大门。

在很长一段时间里，许多化学家想知道这种金属是什么，但一直没有成功，后来被瑞典的年轻化学家塞弗斯特姆解决了。那时候，瑞典各地正在盛行建造鼓风炉，在熔炼矿石时出现了一种奇怪的情况，有些矿石中提炼出来的铁非常脆，很容易断裂，另一些矿石中得到的铁质地优良，坚韧柔软。塞弗斯特姆分析这些矿石的成分，从产自瑞典塔贝尔山的磁铁矿中提炼出一种黑色粉末状的物质。

戴尔·利奥，墨西哥矿物学家和化学家
(1764—1849)

在贝采利乌斯的指导下，塞弗斯特姆继续研究黑色粉末，证明了这就是戴尔·利奥所说的新的元素，墨西哥褐色矿石中含有的未知金属。

塞弗斯特姆成功之后，沃勒在写给他的信中说："我明明见到了褐色矿石中的新元素，却没有抓住它。贝采利乌斯比喻得很好，正是我的懦弱使我没有敲开女神的大门，与成功擦肩而过。"

现在，钒成为了工业上不可或缺的金属，人们对它的了解却是最近的事情。刚刚提炼出钒的时候，每千克钒高达 5 万金卢布，现在仅仅是 10 卢布。1907 年，提炼钒的数量是 3 吨，因为很少人用它，今天无数的国家在争夺含钒的矿石。钒有着优良的特性，是工业上重要的金属。1910 年，开采了 150 吨的钒矿，接着在南美洲勘探到了钒矿；1926 年，钒矿的开采量到了 2000 吨；最近几年的开采量高于 5000 吨。

钒不仅可以制造汽车、铁甲、性能优良的穿甲炮，还可以制造钢制飞机等航空机器。而且，某些化学工业、制造硫酸、制造鲜艳染料，也需要用到金属钒。

把钒掺加到钢中，可以减少钢的脆性，使钢的弹性增强，在撞击或者振动时不会结晶。这种钢制成轴后，用在汽车和发动机上，因为轴总是在振动，充分体现了钒的优点。

钒的盐类有着多种颜色，不仅有绿色、红色、黄色的，还有青铜似的金黄色，

1910年生产的福特T型车，某些部件是钒合金

墨汁似的黑色。钒的盐类可以用来制成颜料，用在陶瓷、照相纸上，或者制成特殊的墨水。另外，钒盐还可以治病……

我们无法把钒的用途一一列举出来，但有一点一定要说。在制造硫酸时，离不开钒的帮助，而硫酸是化学工业的神经枢纽。钒是制造硫酸的催化剂，在整个过程中，它不会发生任何变化，只是提高了反应速度。虽然有些物质会使钒失去催化作用，但化学家找到了补救的方法。在制造某些复杂的有机化合物的时候，一定要使用金属钒或者是钒的盐类，它们起到了重要的作用。

既然钒的作用如此重要，为什么我们对它的了解那么少呢？为什么很多人没有听过这种金属呢？在全世界，每年钒的开采量大约是5000吨，这个数字的确很小。要知道，铁每年的开采量是钒的两万多倍，金的开采量仅仅比钒少一些。

要知道上述问题的答案，就要问地质学家和地球化学家。下面，他们就带我们去了解钒在地壳中的发展变化过程。

地球上的钒绝对不少，苏联地球化学家计算后得出，地壳中能够开采的钒的量大约是0.02%，这个数目是铅的含量的15倍，是银的2 000倍。实际上，钒的含量是锌和镍的总和，每年锌和镍的开采量高达几十万吨。

不但地壳中含有钒，就连铁聚集的地方也有相当多的钒，这是落到地球上的陨石告诉我们的。在含铁的陨石中，钒的含量是地壳中的两三倍。在太阳的光谱中，天文学家发现了钒原子的光谱线，地球化学家为了这件事伤透了脑筋。无论是地球上还是宇宙中，到处可以见到钒的身影，但钒聚集在一起的地方非常有限，能够把钒开采出来的地方更是少之又少。实际上，几乎所有的铁矿中都含有钒，只要钒的含量达到千分之几，我们就会动手开采。也就是说，能够从几千吨的铁矿中提炼出钒，就已经很好了。

如果地质学家发现了某种矿石中钒的含量是百分之一，就会说发现了储量丰富的钒矿。在自然界中，有一种神秘的力量在分散着钒原子，地球化学家的任务就是找出这股力量，想办法阻止钒原子的分散。所以我们在研究钒矿床的时候，先要读一读下面的内容，了解一下钒原子是如何聚集在一起的。

钒是一种沙漠金属，水是它的天敌，因为在水中它会溶解，把它带到不知名的地方；它还害怕酸性土壤，所以苏联中纬、北纬地区不适合它生存。钒生活在苏联南纬度地带，那里的空气中含有较多的氧气，还有硫化物矿床。在罗得西亚的炙热沙下，在太阳底下的墨西哥，在龙舌兰和仙人掌的丛林中，钒形成了像铁帽子一样的黄褐色岩石，逐渐聚集起小山，把硫矿覆盖在下面。

在古代科罗拉多沙漠中，地球化学家也发现了钒的化合物，乌拉尔地区二叠纪的沙漠中也有钒的身影，这个沙漠的东部连着乌拉里达山脉。太阳炙烤的地方或者沙漠都可以把钒原子聚集起来，形成具有工业意义的钒矿床。尽管如此，储量丰富的钒矿床依然少见，钒原子总是想东奔西跑。不过，有一种力量可以抓住钒，不让它分散，那就是活物质细胞、有机体，这种有机物的血球是由铜和钒构成的，而不是一般情况下的铁。

某些海生生物体内有着聚集起来的钒，例如海胆、海鞘、海参等，它们成群结队地在海湾中游动，或者在海岸边嬉戏，占据了广阔的区域。我们不知道它们如何聚集起钒原子来的，因为海水中没有钒。化学家猜测，这些生物可以通过某种化学反应从食物、淤泥、海藻等物质中提取钒原子。生物体内可以进行多种复杂的反应，把钒原子一点点地积累在体内，等到生物死亡后，人们就可以得到金属钒。

尽管生命的力量很强大，钒矿的储量还是很少，能够得到的钒更是微乎其微，

红海参

又难以从地沥青、沥青、石油中提取钒。钒依然是一个神秘的元素，科学家只有做更多的工作才能解开钒聚集的秘密，弄清楚钒在地壳中的发展变化，找到它的旅行路线。

我们不但要知道钒的历史，还要知道它的聚集处，在什么地方可以找到它，把理论知识和工业实际联系起来。只有这样才能得到更多的钒，汽车才有好用的车轴，铁甲舰和坦克装甲钢中才能提高钒的含量。在以钒为催化剂的细致化学反应中，可以生成多种新的有机化合物，这些化合物可以推动生产、生活的快速发展。

为了实现这个目标，地球化学家要多多努力，希望在他们的坚持下，能够掌握钒的各种性质，充分发挥钒的各种用途。

2.15 金属中的王者——金

很久以前，当人们看到河沙中发光的颗粒时，他们就注意到了金属金。

我们翻阅黄金的发展史，会发现许多有意义的事情。从人类文明的摇篮时期一直到今天，许多战争和民族间的争斗都离不开金，金给人们带来了财富，也带来了流血和牺牲。

在古老的传说中，金子是罪恶的源泉。尼伯龙根族为了解放全世界，结束金子的魔力和统治，进行了长期的斗争。莱茵河中的金子打造的戒指是罪恶的开始，齐格弗里为了打败天国诸神，把世界从金子的统治下解救出来，牺牲了自己的宝贵生命。

在古希腊的叙事诗中，有一段内容描写的是阿尔戈船上的勇士到科尔基斯去寻找金羊毛的传说故事。

夺取金羊皮的故事

这些勇士来到了黑海沿岸的格鲁吉亚,这里的羊被龙统治着,羊皮的上面有一层金子,为了得到这些金子,勇士们打败了龙,抢到了羊皮。

在希腊神话或者埃及文献中,也可以找到关于黄金的记载。所罗门王在耶路撒冷建造寺院时,为了抢夺黄金,多次对俄斐古国发动战争。考古学家也不知道是否有俄斐古国这个国家,花费了好长时间也没有确切的结果,有些人认为在尼罗河的发源地,另一些人认为可能在埃塞俄比亚。有些学者研究后发现,"俄斐"含义就是财富和黄金。

以前有蚂蚁采金的传说,不同的专家对于这个传说有着不同的解释。

这个传说来源于这样一个故事:印度的某个民族住在沙漠中,那里有一种特殊的蚂蚁,像狐狸那么大。这种蚂蚁把地下深处的沙子和黄金搬到地面上来,当地居民就把黄金取走。希罗多德证实这个说法,在斯特累波的著作中也有相关的记录。普林尼有着不同的观点,不管是欧洲作家还是阿拉伯作家,都不能确定这个传说的真实性。一直到现在,也没能正确解释这个传说,最可能的猜测是梵文中"蚂蚁"和"金粒"的读音相同,所以才产生了这个传说。

在俄罗斯南部发现的西蒂亚时代古物中,有一些精美的金制品,这是珠宝商人的杰作,上面雕刻着野兽或者植物。现在,这些金制品保存在圣彼得堡的埃尔米塔日博物馆中,和著名的西伯利亚古物中的金制品放在一起。

在古人的思想中,金有着重要的地位,炼金术士用太阳的符号来表示金就是证明。在斯拉夫文、德文、芬兰文中,金的字根中含有四个相同的字母;在印度文和伊朗文中,金的字根中有三个字母相同;在拉丁文中,金用"Aurum"来表示,也是金的化学符号"Au"的来源。

语言学家做了大量的研究,需要弄清楚金的名字和字根的含义。他们希望找到金子的来源,弄清楚古时候什么地方有金矿。在埃及的象形文字中,金这个字看起来像是一块头巾、一个口袋或者一个水槽,这使人想到古代的淘金法。

古人淘金法

在古代的文献中，记录了许多金矿的产地。埃及人在沙子中提炼金，古埃及的书籍中记载了金沙的产地。在埃及西北部、红海沿岸、尼罗河流域都有金，尤其是柯塞尔地区。阿拉伯沙漠和努比亚沙漠中，有许多生产金子的矿坑。早在公元前两三千年前，人们就找到了许多金矿。

在以后的时间里，不少作家对金矿进行过描述。某些文章中提到，金矿和白色的岩石在一起，这种岩石显然是石英，只是古人不知道，认为这是大理石。那时，人们已经掌握了金子的开采方法，还发现了金子的价值。

15世纪发现了美洲新大陆，掀开了金子的新篇章。西班牙人到达美洲后，大量开采黄金，运送到欧洲各地，导致黄金在欧洲泛滥。

18世纪初期，巴西的沙地上发现了储量丰富的金沙，其他国家也开始行动起来，到处去勘探金矿。18世纪中期，在俄国的叶卡捷琳堡附近的石英中首次发现了金的晶体。一百年后，美国的年轻人约翰·苏特在未开发的加利福尼亚找到了金矿，后来，苏特却死于贫困。

于是，采金者纷纷跑到加利福尼亚，希望挖掘出新的财富。40多年后，在阿拉斯加半岛的克朗代克发现了金矿，这个地方是美国人从俄国政府手中廉价买到的。在杰克·伦敦的小说中，有这样的描述：人们为了寻找金矿，扛着各种各样的工具，克服了重重困难，不远万里来到克朗代尔，希望可以实现自己的黄金梦。

1887年，在南非的约翰内斯堡发现了金沙，虽然布尔人发现了这个富源，却没有给他们带来财富，反而带来了无数的灾难。经过了多次战争，牺牲了无数人的生命，英国人占领这个地方后，几乎杀光了所有爱好自由的布尔人。现在，全世界一半的黄金来自约翰内斯堡。此外，澳大利亚也有金矿。

下面，我们看一些俄国黄金的发现史。1745年，一个叫马尔科夫的农民，在乌拉尔的叶卡捷琳堡附近的别廖佐夫卡河一带发现了金矿；1814年，矿工布鲁斯尼岑在乌拉尔发现了金沙，还说出了金沙的工业用途，所以乌拉尔成了俄国金工业的发源地。19世纪后半叶，在西伯利亚的勒拿河发现了金沙，这个消息传开后，无数的冒险家来到了这里。有些人设立路标、贩卖说明书，有些人淘到金沙回到家，有些人在当地把黄金挥霍掉了，更多的人由于无法适应环境，得了坏血病死去。

20世纪20年代，在阿尔丹河一带发现了储量丰富的金矿。

有一次，我遇到一个淘金工人，发现阿尔丹金矿后他就在那里工作了。他告诉我许多冒险家为了挖金矿抛弃了一切,希望在阿尔丹发财致富。有一个牧师抛弃了所有信徒,历尽千辛万苦终于来到了阿尔丹,乘着木筏来到难以到达的地方,淘到了 25 普特黄金。后来,人们在阿尔丹建立了苏维埃政权,苏联开始用金矿铸造钱币。慢慢地,发现了越来越多的金矿。

时间在推移,人们寻找黄金的历史也在前进。现在,开采出来的黄金超过 5 万吨,有一半存在银行中,银行存储的黄金价值 100 多亿金卢布。技术的进步使能够开采的黄金越来越多,不仅含金量高的矿石可以开采,就连含金量低的贫矿

最原始的淘金法,用盆冲洗

也能开采。

开始时,开采金矿用最简单的勺子和盆冲洗,后来用"美国槽"冲洗。发现加利福尼亚金矿后,全世界都开始使用"美国槽"。

后来,又发明了水力淘金法,用强大的水柱来冲洗,细小的金颗粒就溶解到

19世纪末,美国加州的淘金者

氰化物的溶液中;接着,找到方法从坚硬的石头中取金,选矿厂中就是用这种方法来得到金子的。

人们为了保存黄金,有人把它锁在保险柜里,有人存到银行中,就连运送黄金的船都要有军舰护航。现在,已经不再用黄金制作货币了,因为黄金容易磨损,会失去原有的价值。

在过去的几千年中,人们开采出来的金还不到地壳中含量的百万分之一。不过,为什么人们会把黄金当成财富的象征呢?那是因为金有着优良的性质,它的表面有着耀眼的光泽,不容易产生变化,也不会溶解在一般的化学溶液中。只有少数的物质能够溶解金,例如氯气,盐酸和硝酸按照比例三比一混合成的王水,

有毒的氰酸盐。

金的比重很大，它和铂族金属一样，都是地壳中的重金属。金的比重是19.3，要使它熔化很容易，只有温度高于1 000℃就行，但难以气化。只有温度高于2 600℃时，金才会沸腾。金质地柔软，很容易煅打，硬度和最软矿物的硬度相似，用指甲就能在纯金上留下划痕。

化学家能够把微量的金测量出来，即使在十亿个金属原子中有一个金原子，化学家也能把它找出来，也就是精确到1×10^{-10}克，这是任何天平都无法称量的重量。

在地壳中，金的含量不低，却是分散着的。地球化学家测量后发现，地壳中金的含量是百亿分之五，比银的含量少一半，为什么金比银贵得多呢？而且，不仅地壳中含有金，自然界中到处都有。围绕着太阳的炙热的气体中有金，陨石中也有金（比地壳中的含量低），就连海水中都有。最新实验显示，海水中的含金量是十亿分之五，也就是说，每立方千米的海水中有五吨的金子。

金藏在花岗岩岩浆最后冷凝的那一部分中，或者位于石英脉矿中，和铁、砷、

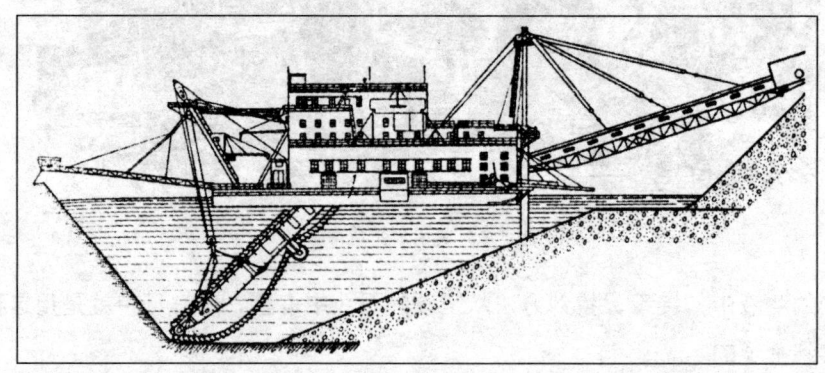

电力采金机在开采金矿，能够达到的深度是25米

锌、铅、银的硫化物混合在一起，温度较低的时候结晶成矿石，这样就生成了金矿。当花岗岩或者石英矿脉崩塌时，金矿就变成了金沙，由于金特别坚固，比重非常大，所以就沉积在沙子的下面。地层里循环的水溶液，对金不起化学作用。

地质学家和地球化学家花费了大量时间，终于研究清楚了金子的运动趋势，告诉我们金子一直在四处漂泊。

机械作用把一部分的金研磨成细小的颗粒，被河水冲走；南方含氯的河流溶解了小部分金，慢慢结晶出来，有的进入了植物体内，有的跑到土壤中。实验告诉我们，金可以被吸收到木质纤维中。几年前科学家证实，玉米粒中含有相当多的金。某种煤炭的灰中含金量更高，一吨的煤灰中就有一克金。

由此可知，金在到达人们手中之前，在地壳中经过了复杂的变化。尽管人们用了两千多年的时间来思考如何开采黄金，尽管某些炼金厂的规模越来越大，但人们对于金的历史知之甚少。我们不了解金子的曲折命运，只是知道其中的几个环节，不能把所有的环节串联起来。花岗岩和石英矿脉被风化后，水流把金粒带到海洋中，后来发生了什么变化呢？乌拉尔沿岸沉积了大量的盐、石灰石、沥青，为什么不见海中的金子呢？

地球化学家和地质学家们，你们的工作就是去解开这些未解之谜。苏联西伯利亚有着丰富的金矿，那里将是发挥你们才能的好地方。

在不久的将来，金子不会再存入银行，也不会是资本家投机取巧的资金，它会有新的用途，用在科学研究上，用在工业的精制品上，用在无线电技术上。在各个部门，只要用到能够抵抗普通化学反应的金属，就需要用到金。所以，金要从银行的保险柜中跑到工厂和实验室去，作为最稳定的金属来发挥巨大的作用。

2.16 稀有的分散元素

几十种化学元素组成了地壳，其中的 15 种元素是比较常见的，位于各种岩石中，其他的元素比较少见，统称为稀有元素。

有的稀有元素聚集在一起，可以生成矿石；像金、铂这些金属，大部分形成非常小的、难以看见的金属颗粒，只有很少一部分会聚集成金属块。

不管这些元素多么稀有，也不管它们生成的颗粒多么小，它们仍然是独立的元素，可以生成自己的矿物。不过，有一部分化学元素不仅含量少，还无法生成自己的矿物，这些元素的化合物通常会溶解在常见的矿物中，就像盐溶解在水中那样，从外表上无法区分是纯水还是盐水。

矿物也是如此，有的从外表上看不出是否含有杂质。如果说水可以用尝味道的方法来区分咸淡，那么，对矿物进行化学分析要困难得多，把矿物中的各种元素提取出来，那就更难了。

这些元素走过了漫长的旅程，先是从熔化的岩浆中出来，然后进入水溶液中，接着跑到岩石或者矿脉中，慢慢生成稳定的物质。在旅途中，它们发生过各种变化，只有亲密的元素才能一起走完这条曲折的路。

两种元素的化学性质越相似，越难找到一种化学物质或者化学反应把它们分开。有些稀有元素不是溶解在一种矿物中，而是分散到多种矿物中，这些元素被称为分散元素。

分散元素指的是哪些化学元素呢？为什么我们在日常生活或者化学课上没有听说过？虽然这些元素很少见，但随着工业技术的发展，它们逐渐走进我们的生活。

分散元素有镓、铟、铊、镉、锗、硒、碲、铼、铷、铯、镭、钪、铪，这些是具有代表性的元素，而不是全部的分散元素。

大家想一下，这些分散元素在什么地方？它们的状态是怎样的？我们是如何发现它们的？它们又有哪些用途呢？

现在，有一块黄褐色的石头摆在我们面前，这块石头的断口处整齐平滑，它是一种很重的矿物，虽然看起来不像矿石，但的确是矿石，它的名字叫做闪锌矿。

闪锌矿的组成很简单，一个锌原子和一个硫原子结合在一起，逐渐聚集成矿石。不过，这是主要成分，闪锌矿只是看起来简单，实际上并非如此。虽然这块石头是黄褐色的，但闪锌矿还有其他的颜色，例如褐色、暗褐色、黑褐色、黑色，而且，黑色的闪锌矿具有金属光泽。

这是怎么回事呢？为什么同一种矿石会有多种颜色呢？

那是因为闪锌矿中有硫化铁这种杂质，所以它才会发暗，如果闪锌矿中没有铁元素，就会呈现黄绿色或者淡黄色。闪锌矿中含的铁越多，颜色就会越深。也就是说，含铁量的多少决定了这种矿石的颜色。通过 X 射线可以得知闪锌矿的内部结构，看清楚锌原子和硫原子的排列情况，每个锌原子周围有四个硫原子，同样，每个硫原子周围也有四个锌原子。

如果铁原子取代了个别的锌原子，闪锌矿的颜色就会变深，并且铁原子有顺序排列着：可能是每 100 个锌原子中有一个铁原子，也可能是每 50 个中有一个，或者是每 40 个、30 个、20 个……虽然自然界中铁的含量比锌的含量多得多，但在闪锌矿中，铁占据的空间有着一定的限度，科学家把铁的这种特性称为有限的可混性。

我们可以举一个形象的例子来描述上面的情况。有一个空的狐狸穴，当寒冷的冬天来临时，不管是老鼠还是熊，都不能利用这个洞穴来御寒，因为大小不合适，只有体型和狐狸相似的动物才能用这个狐狸穴。闪锌矿也是这样，其他原子的大小和锌原子相似才能占据锌原子的空间。

除了铁元素，闪锌矿中还有镉、镓、铟、铊、锗等元素，显然，可以取代锌的元素很多。闪锌矿中的锌容易被取代，硫也不是一成不变的，它也可以被硒或者碲这两个分散元素替代。

到此我们就明白了，闪锌矿比看起来的复杂得多。其实，黝铜矿、黄铜矿及其他的矿物也是如此。

稀土族元素的氧化物

后来，地球化学家发现，含铁比较多的黑色闪锌矿中不含镉，含的铟或者锗也很多。浅褐色的闪锌矿中含有镓，蜜黄色的闪锌矿中含的是镉。

在暗黑色的闪锌矿中，含有比较多的硒和碲。我们知道，不同的化学元素有着不同的性质，这些性质决定了哪些元素可以在一起，哪些元素必须分开。

寻找稀有的分散元素并不是一件简单的事情，必须使用特殊的方法。虽然分散元素的含量很少，但我们要把它们找出来，即使花费大量的时间和精力也没关系，因为它们有着巨大的价值。除了用最完备的方法和最灵敏的化学反应，还可以使用光谱分析和 X 射线寻找分散元素。

有时候，不用分析就能说出矿物中含有的各种元素。如果闪锌矿中铟的含量达到 0.1%，这种矿石就变成了铟的矿石，而不再是锌的矿石了，因为铟的价值远远超过了锌的价值。

为什么化学家要费尽心力去寻找分散元素？为什么它们如此重要，有着巨大的价值？那是因为分散元素有着特殊的性质，这些性质使它们及其化合物有了独一无二的用途。

例如，氧化钍受热后，可以发出夺目的光芒，我们用它制作成灯罩；铷和铯可以制造容易放出电子的镜子，主要用在光电管上。

在前面我们说过，闪锌矿中含有多种分散元素，我们来了解一下这些元素或者它们的化合物有什么用途？

镉是浅灰色的金属，质地柔软，熔点是 321℃，很容易熔化。镉、锡、铅、铋是熔点比较低的四种金属，熔点都不超过 200℃，用一份镉、一份锡、两份铅和四份铋可以冶炼出伍德合金，这种合金的熔点非常低，仅仅是 70℃。

如果用这种合金制成茶匙，用它取糖放在滚烫的茶水中，然后慢慢搅拌，它就会熔化在热茶里。这时，在茶杯下层就会出现一层熔化的金属。把这四种金属的比例调整一下，就可以制成波维兹合金，熔点比伍德合金还低，只有 55℃。这种合金熔化后，用手去触摸也不会感觉太烫。

在许多工业部门中，需要用到容易熔化的金属。有一种金属非常特殊，在手中拿着就可以熔化，而且，这是一种纯金属，而不是合金。这种金属的名字是镓，它是一种分散元素，一般存在于闪锌矿中（云母、黏土及其他几种矿物中也有镓）。

金属镓的熔点是 30℃，它是非常容易熔化的金属，熔点仅仅次于汞（汞的熔点是 -39 摄氏度），所以它有时可以取代汞。因为汞的蒸气有剧毒，而镓没有。在制造温度计时，也可以采用镓。用汞制造的温度计测量的温度范围是 -40 ~ 360℃，温度到达 360℃汞就会沸腾；而镓制造的温度计测量的温度范围是 30 ~ 900℃，这么高的温度可以使玻璃变软，如果用石英制造温度计的玻璃管，测量的温度可以升高到1500℃，这时距离镓沸腾的温度2300℃还有一段距离。

如果用耐火玻璃来制作这种温度计的玻璃管，还可以用来测量火焰的温度，或者多种金属熔化后的温度。

镓还有一个类似于水的特征，就像冰可以漂浮在水面上一样，固体的金属镓也可以漂浮在液体金属镓上。

铋、石蜡、铸铁也有这种特性，其他的物质都和镓相反，固体会沉在液体的下面。

下面，我们来说一下金属镉，它不仅可以制成熔点很低的合金，还可以用在电车上。

不知大家是否注意过老式电车弓子，它不停地摩擦电线，慢慢磨出一条沟。而且，电车弓子和电线总是摩擦，很容易磨坏。

不过，只要在电线中加入1%的镉，就能大大减缓磨损速度。而且，电车上常常采用镉制成的有色玻璃，玻璃中加入硫化镉会显示黄色，加入硒化镉会显示红色。

在工业上，铟也像镉那么重要。

大家都知道海水中含有盐，而铜的合金在海水的作用下，特别容易损坏。不过，我们又难以找到其他的金属来替代铜，制造潜水艇和水上飞机。后来，人们发现，只要在铜的合金中加入少量的铟，就可以抵抗海水的侵蚀。

银中加入铟后，可以提高银的光泽度，增强银的反射能力。利用这个特点制成了探照灯的反光镜，有了铟的加入，探照灯的光显著加强了。

稀有的分散元素硒和硫是近亲，因为硫矿石中常常含有少量的硒。

硒的导电能力随着照射光线的强弱发生变化，利用硒的这个性质制成了电报传真和无线电传真。硒的这种特性还可以制造自动控制器，用来记录通过传送带的零件是明亮的还是暗淡的。最后，只有硒可以精确地测量出光线的明亮程度。

硒还有一个重要的用途，那就是制造优良的无色玻璃。用石英砂、石灰、碱或者硫酸钠可以制成普通玻璃，石英砂越纯净，制出的玻璃越好。当石英砂中含有铁时，玻璃会呈现淡绿色，这种玻璃可以用来制瓶子。

玻璃中只要含有铁，就会表现出绿色。窗户上需要安装无色的玻璃；眼镜要使用质地好的玻璃；光学仪器显微镜或者望远镜上使用的玻璃一点瑕疵都不能有。

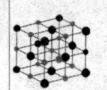

在熔化的玻璃中加入少量的亚硒酸钠，硒和铁化合后会从玻璃中析出来，这样制出来的玻璃就是无色的。

制造望远镜或者照相机这些光学仪器的玻璃具有某些特性，在玻璃中加入少量的二氧化锗就有了这些特性。

锗也是一种分散元素，分布在某些闪锌矿中。另外，几种煤矿中也含有锗。

上面介绍的是一些分散元素在矿物中的分布情况，以及它们的特性和用途。

我们知道了稀有的分散元素在工业上的重要用途，自然可以明白地球化学家对它们的重视程度。

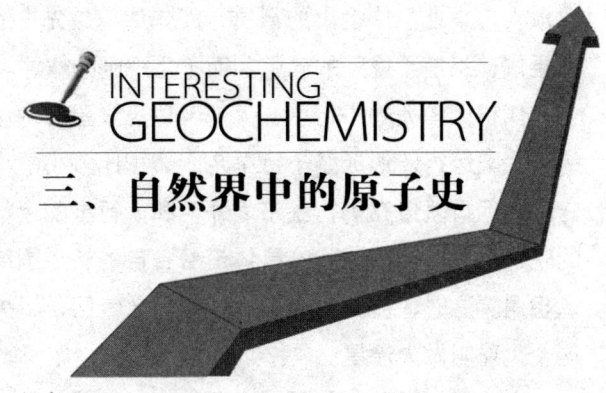

三、自然界中的原子史

3.1 太空使者——陨石

在一个没有月亮的晚上,晚霞的最后一丝光线消失在地平线上,一颗颗的星星亮了起来,在空中闪闪发光。村子里的各种声音逐渐消失了,周围的一切都被黑夜掩盖,微风吹动着树上的叶子,发出一点点响声……

突然,一道亮光照亮了周围的黑暗,伴随着亮光的是一个火球,这个火球在天空中划过,所到之处留下了无数的火星,还有烟雾般的痕迹。火球还没有到达地球就熄灭了,火球的熄灭就像出现那么突然,仅仅是一瞬间的事,接着黑暗再次掩盖了一切。不久后,天空出现了断断续续的响声,听上去像是爆炸声。然后,响起了轰响和劈裂声,紧随而来的是隆隆的声音,持续了好长时间才消失。

相信很多人都见过上面的现象,但很少人知道这是怎么回事?火球是从哪里来的,又是什么东西呢?

在行星的空间中,除了水星、金星、地球、火星、木星、土星、天王星、海王星这八大行星,还有一些比较小的行星也在围绕着太阳运动,我们把这些行星统称为小行星。现在,我们已经发现了1 500多颗小行星,最大的一颗叫做谷神星,直径大约是770千米;最小的一颗叫做阿尼斯,直径仅仅是1 000米。显然,还有许多未发现的小行星,这些小行星非常小,直径只有几米,甚至是几厘米。其实,与其说它们是小行星,不如说它们是碎屑或者小颗粒,有些甚至可以放在手掌上。这么小的行星，即使使用最先进的望远镜也看不见，它们被称为流星体，都是无规则的碎屑，而不是规则的球体。

体积比较大的小行星，大部分位于火星和木星的轨道之间，沿着各自的轨道绕着太阳运行，形成了小行星带。体积比较小的小行星，也就是所谓的流星体，它们的运行轨道在小行星带之外，和大行星的运行轨道相互交叉，当然也和地球的轨道交叉。当地球和流星体沿着各自的轨道围绕着太阳运行时，可能会在交叉点相遇。这时，流星体会进入地球的大气层，以火球的形式出现在空中，我们把这个火球叫做火流星。

当流星体进入大气圈时，可能会迎着地球转动，此时流星体的运动速度非常快，每秒钟可以运行 70 千米，甚至更快。如果流星体和地球的运行方向相同，也就是流星体追着地球，或者地球追着流星体，这时流星体的初速度大约是 11 千米/秒。这么低的速度在我们眼中已经很高了，它比炮弹的速度要高好几倍。

由于流星体的运行速度很大，它进入地球的大气圈后，受到的空气阻力也非常大。我们知道，在距离地面 100 多千米的高空的大气是非常稀薄的，即使在这么稀薄的大气中，流星体所受到的阻力依然很大，表面温度可以高达几千摄氏度，并且开始发光。此时，流星体周围空气的温度也非常高，开始发红。就在这个时候，天空中出现了一个火球，这就是火流星。其实，火球指的是流星体外部红热的气体壳。流星体和空气摩擦时，流星体表层熔化的物质会掉落下来，这些物质分散成了小颗粒。然后，这些小颗粒凝聚成固态的球状体，在流星体经过的地方留下烟雾般的痕迹。

在距离地面 50 多千米的高空，这里的大气可以用来传播声音，流星体进入后会产生冲击波，冲击波指的是流星体前面的一层空气。冲击波和地面相撞后，会发出多种响声，火流星消失几分钟后，我们就可以听到这些响声。

流星体朝着越来越稠密的空气前进，到地面的距离越近，空气的阻力也越大。因此，流星体的飞行速度变慢，在距离地面 10~20 千米的时候，逐渐失去了原有的速度。这时，空气制约了流星体的飞行，它被留在了这里，流星体旅行中的这一段称为"滞留区"。这时，流星体不再发光、发热，也不再被破坏。如果流星体还有剩余，表面熔化的部分很快就冷却了，接着变成了硬壳。流星体周围红热的气体壳也会消失，火流星就不见了。流星的残体在受到地球引力的作用下，会垂直落到地面上，这就是我们所说的陨石。

在烈日高照的白天，也可以看到最亮的火流星，还有火流星划过留下的痕迹。这种痕迹可以持续几分钟，甚至是几十分钟。

在民间，有关于火龙和山龙的飞行神话，来源就是火流星和它产生的痕迹。

虽然明亮的火流星不多见，但流星或者陨星相信很多人都见过。

重量不到一克的流星体，在进入大气圈后就形成了流星，这些流星在和空气摩擦的时候就全部毁掉了，无法落到地面上。

陨石是太空中的使者，它从行星的空间来到了我们的地球，我们来认识一下它。

在莫斯科的苏联科学院矿物博物馆中，保存着苏联境内发现的最大的一套陨石，同时也是全世界最完备的一套陨石。这里面有几种难以见到的陨石，还有具备某些特征的陨石。

博物馆中有一件宽敞明亮的大厅，里面的陈列橱中摆放着各种石头，我们在书中会讲到很多种。这些石头有着多种色彩，有些色泽鲜艳，让人无比喜爱。除了引人注目的石头，陈列橱中还有色调单一的灰色、褐色、黑色的石头，以及某些地方生锈的铁块。这些不好看的石头就是陨石，在星际空间中居住了几百亿年，最后落到了我们的地球上。

陨石是可以在实验室中研究的唯一一种外来物质，我们可以用化学仪器来分析陨石的组成成分，用复杂的方法分析陨石的物理性质，进而了解宇宙的发展变化情况，还有宇宙空间中的奇闻妙事。到目前为止，我们还没有研究清楚陨石的各种特征，陨石中还隐藏着许多未解的秘密。不过，我们会继续研究陨石，随着技术的进步，研究方法的完善，我们对陨石的认识也会逐渐加深，终有一天会弄清楚陨石的各种特征。

现在，地球化学家的任务是，研究清楚陨石的生成条件和以后的变化情况。

陨石分为三种：铁陨石、石陨石、铁石陨石。铁陨石的主要成分是铁和镍，落到地球上的铁陨石比石陨石少得多。在16块陨石中，可能仅仅有一块是铁陨石。另外，铁石陨石落下来的几率更小。

我们面前摆放着一块不规则的黑色石块，这就是石陨石"库兹涅佐沃"，于1932年5月26日落到了西伯利亚的西部，重量大约是2.5千克，表面覆盖着一层熔化后凝聚成的黑色硬壳。有一小部分黑色硬壳脱落了,可以看见里面的灰色部分。

仅仅从外表上看,石陨石和地球上的石头没有区别。但是,仔细观察陨石的断面,可以看见陨石内有许多闪亮的小颗粒,这是含有镍的铁,也就是镍铁合金。在这种合金中,夹杂着黄色的闪亮物质,这是铁和硫形成的化合物陨硫铁。除了陨硫铁,陨石中还有一种颜色比较浅的物质,那就是铁和磷的化合物磷铁镍矿。

通过石陨石的断面判断出,石陨石表面的硬壳非常薄,还不到十分之一毫米。观察石陨石的表面可以发现,上面布满了圆形或者椭圆形的小坑,像是手指印。当流星体在大气圈运动时,周围炙热的空气对陨石产生作用,造成了陨石表面的坑洼。熔化后形成的硬壳和表面的坑洼是陨石的显著特点。

我们再来看另一块石陨石,它被毁掉了一半,从断面可以看出里面是黑色物质,和表面硬壳的颜色相同。这块石陨石叫做"老博里斯金",是炭球陨石中的一种,1930年4月20日掉落在契卡洛夫省。

在这块石陨石的旁边还有另一块石陨石,那是一种白色的陨石,不管是硬壳还是断面都是白色的,陨石的名字叫做"老彼沙诺",1933年10月2日掉落在库尔干省。

在白陨石的旁边有十几块其他的陨石,总重量大约是3.5千克。白陨石非常脆,用手指就可以把它压碎。我们可能会产生这样的疑问,既然它这么脆弱,在和空气摩擦的时候怎么没有被全部毁掉。那是因为白陨石的滞留区距离地面很远,那里的空气非常稀薄,产生的阻力有限,所以它掉到地面上的时候几乎是完整的。

我们知道了陨石的分类,还了解了它们的基本特征和色泽的区别。

接下来,我们看看下一个陈列橱中的陨石,这里的陨石不是一个而是一堆,大小不一,形状不同。在橱窗的上面有一个标签,上面写着:"陨石雨"。

流星体在进入大气层之后,空气对它的阻力会导致流星体破裂成块,这些碎块会散落到地面上,散落面积大约是几十平方千米。滞留区的空气稀密,阻力非常大,流星体一般在将要进入滞留区的时候破裂。因为流星体的形状是不规则的,所以空气对各个部分的压力不同,导致了流星体破裂。

在地球上,出现过石头雨,成千上万的小陨石降落下来。

1912年7月19日,美国的戈耳勃鲁克出现了最大的陨石雨。石雨过后,在

4平方千米的范围内，一共找到了14 000多块小陨石，总重量大约是218千克。

在陈列橱中，我们发现了"五一村"的陨石，这是苏联境内出现的陨石雨。这次的陨石雨发生在1933年12月26日，地点是伊凡诺夫省，在20平方千米的范围内找到了97块陨石，大约重50千克。

陨石雨过后，当地学校组织学生去收集陨石块。由于这场陨石雨降落在冬天，有些陨石被地面上的雪覆盖了，这种情况比较好处理，等到第二年春天雪融化后，陨石就会露出来，那时就可以收集了。

在"五一村"陨石的旁边是"若夫将涅夫庄"陨石块，1938年10月9日掉落在斯大林诺省。这些陨石的体积比较大，最大三块的重量分别是32千克、21千克、19千克，这次共拣到了13块陨石，总重量大约是107千克。

1868年1月30日，降落在波兰的陨石雨被称为"普尔土斯克"，雨后拣到了3 000多块陨石。

在一个陈列橱中放着一大一小两块陨石，大陨石重102.5千克，小陨石像一个核桃，仅仅重7克。1937年9月13日，这两块陨石落在了鞑靼斯坦共和国，相距27千米。除了这两块陨石，在当地还拣到了15块陨石，大约重200千克。

我们来看另一个陈列橱，这里陨石的形状比较特殊，与常见的碎块陨石不同。有一个炮弹形的陨石，名字叫做"卡拉科尔"，1840年5月9日落在了塞米巴拉丁斯克省，大约重2.8千克。这块陨石进入大气圈后，和空气的摩擦使它的头部变成了圆锥形，在穿过大气层掉到地面的过程中，这个圆锥形没有被毁掉，而是保留了下来。

这块陨石的旁边是一块圆锥形的陨石，名字叫做"列彼耶夫庄"，它不是石陨石，而是铁陨石。1932年8月8日，这块铁陨石落在了阿斯特拉罕省，重量超过了12千克。

还有一块值得注意的陨石，它看起来像一个巨大的晶体，是一块石陨石，名字是"提摩希纳"，重量大约是49千克，1807年3月25日掉落在了斯摩棱斯克省。当流星体在大气圈飞行时，空气的阻力使它裂成了几块，所以变成了这个形状。

科学研究显示，石陨石和糖块相似，能够沿着平滑面裂开，这是陨石的内部结构和矿物成分造成的。我们知道，石陨石中的大部分表面都是平滑的，甚至是陨石雨中的陨石碎块。

在几个特制的台子上,放着好几块特别大的铁陨石,最大的一块重1745千克,这是在一次陨石雨中落在锡霍特山脉(老爷岭)的最大的一块陨石。这块陨石非常有趣,表面积很大,表面上有很多坑坑洼洼,这些坑洼都朝着中心部分辐射。看到这些坑洼,我们就可以想象出这块陨石在大气圈飞行时,炙热的空气对它的影响。

这块铁陨石的旁边还有三块铁陨石,也在那次陨石雨中落到了锡霍特山脉,这三块铁陨石的重量分别是500千克、450千克、350千克。

落在锡霍特山脉的各种铁陨石碎片

1916年10月18日,有一块奇怪的铁陨石落在了沿海地区,被命名为"鲍古斯拉夫卡"。不过,在进入大气层的时候,这块铁陨石裂成了两块,重量分别是199千克、57千克。

我们来看一块巨大的石陨石,它的名字叫做"卡申",大约重127千克,1918年2月27日落在了特维尔省。

还有最后一个陈列橱,这里面摆放着裂成两半的陨石块,完整的陨石大约重600千克。这两块陨石的断面非常光滑,可以看清楚陨石的内部结构。这块陨石像是铁质海绵,一种浅黄绿色的透明物质填充在海绵的空隙中,这种物质叫做橄榄石,是一种矿物。这是一块铁陨石,名字叫做"巴拉斯铁",是俄国人找到的第一块陨石。

1749 年,铁工米德维捷夫在西伯利亚发现了这块陨石。1772 年,这块陨石被送到圣彼得堡的科学院,由巴拉斯院士保管。后来,科学院通信院士赫拉德尼开始研究这块陨石,并于 1794 年出版了一本书,详细阐述了他的研究成果。在这本书中,赫拉德尼证明了这块铁来自宇宙空间,它是一块陨石,而不是普通的铁块。而且,他还证明了陨石会掉到地球上。

不过,西欧科学家不认同赫拉德尼的结论,他们认为陨石不可能掉到地球上,更不会有人亲眼看见陨石落下来。可是,事实证明赫拉德尼的结论是正确的。1803 年 4 月 26 日,法国的累格耳城附近下了一场陨石雨,雨后拣到了近 3000 块陨石碎片。当地居民亲眼目睹了这场陨石雨。此后,西欧科学家只能承认陨石的确会落到地球上。

从上面的描述中可以得知,俄国是研究陨石的发源地。

上面提到的苏联科学院收藏的巨大陨石块,还不是世界上最大的陨石。在全世界,最大的陨石是一块铁陨石,名字叫做"戈巴",1920 年在非洲西部找到的,大约重 60 吨,是一个扁方体,体积是 3 米 × 3 米 × 1 米。现在,这块巨大的陨石还在当初发现它的地方,经受着日晒雨淋。

还有三块比较重的铁陨石,重量分别是 33.5 吨、27 吨、15 吨。1948 年,在美国发现了最大的石陨石,重量大约是 1 吨。

接下来,我们讲述一下陨石的内部结构。

在一个陈列橱中,摆放着精挑细选的陨石标本。有一块铁陨石,它的表面被打磨得无比光亮,像是一面镜子。它的旁边是另一块铁陨石,这块陨石打磨好后,放到弱酸的溶液中。不久后,我们发现陨石的表面出现了奇异的图案,条条带带交织在一起,条带的边缘在闪闪发光。由于弱酸对陨石表面的腐蚀不均匀,所以形成了这个图案。

其实,铁陨石本身就是分布不均匀的。在铁陨石内部,有许许多多的薄片和小条,宽度从零点几毫米到几毫米。铁陨石的小条中除了铁,还含有少量的镍。因此,铁陨石被酸腐蚀后会变得粗糙,失去原有的光泽。不过,小条的闪亮边缘

被劈开的铁陨石断面

却不同,这里含有的镍比较多,甚至会超过25%,所以它的化学性质比较稳定,酸溶液不会对它产生影响,还是像原来一样闪亮。铁陨石表面被酸溶液腐蚀后形成的图案,叫做维特孟斯台登图案,这个名字采用的是首次发现这个图案的科学家的名字。

经过酸腐蚀后出现维特孟斯台登图案的铁陨石叫做八面陨铁,因为只有按照几何图形的面分布的小条才能够生成这种图案,而几何图形都有八个面,称之为八面体。

有些铁陨石被酸腐蚀后不会出现维特孟斯台登图案,而是出现细小的平行线,这些线叫做纽曼线,这个名字也是采用了发现这些线的科学家的名字。

出现纽曼线的铁陨石中含的镍比较少,只有5%左右。这类铁陨石都是等轴晶系中的单一晶体,由于有六个面,所以叫做六面体。因此,这类陨石被称为六面铁陨。

还有一类铁陨石的名字是中镍铁陨石,这个名字的原文意思是"失常"。在这类铁陨石中,镍的含量超过了13%,表面磨光后被酸腐蚀,不会出现一定的图形。

不仅铁陨石的内部结构奇特,石陨石的内部组成也很有趣。

这是被切割后的石陨石碎片,我们可以看见断面上分布着很多球状颗粒,看起来像是弹丸。把石陨石放在显微镜下观察,会发现球状颗粒布满了整个断面,球状颗粒非常小,只有零点几毫米,甚至更小。这些球状颗粒叫做陨石球粒,含有球状颗粒的陨石被称为球粒陨石。

在石陨石中,**90%**是球粒陨石,所以比较常见。只有石陨石中含有陨石球粒,地球上的岩石中绝对没有这种颗粒。因此,如果一块石头中有陨石颗粒,那么,这块石头一定是石陨石。经过研究后得知，在生成陨石的时候，陨石中的熔化物质凝聚成了陨石球粒。

不含陨石球粒的石陨石叫做无球粒陨石，这类陨石非常少，内部没有任何球粒。在这类陨石的断面上，分布着多种矿物的碎片，这些碎片和陨石本身的颗粒交织在一起。就结构而言，无球粒陨石类似于地球上的各种岩石。除了球粒陨石和无球粒陨石，还有几种非常罕见的石陨石，我们就不再一一介绍了。

下面，我们来看一下陨石的组成成分，也就是陨石中含有的化学元素及其所占的百分比。

三种陨石的平均化学成分

化学元素名称	平均化学成分（百分比）		
	铁陨石	铁石陨石	石陨石
铁	90.85	49.50	15.6
镍	8.5	5.00	1.10
钴	0.60	0.25	0.08
铜	0.02	—	0.01
磷	0.17	—	0.10
硫	0.04	—	1.82
碳	0.13	—	0.16
氧	—	21.30	41.0
镁	—	14.20	14.30
钙	—	—	1.80
硅	—	9.75	21.00
钠	—	—	0.80
钾	—	—	0.07
铝	—	—	1.56
锰	—	—	0.16
铬	—	—	0.40

上列表格中的元素都是我们知道的化学元素，没有一种是不知道的元素。陨石从遥远的星际空间来到我们的地球，除了已知的元素，难道陨石中就不含新奇的元素吗？难道在星际空间中就没有地球上不存在的物质吗？

的确如此，一百多年来，无数的科学家对各种陨石进行了精密的研究，证明了陨石中的各种元素在地球上都可以找到。而且，地球上的所有元素陨石中也都有，只是很多元素的含量非常少，要借助于精密的光谱分析才能发现。

苏联著名的矿物学家和地球化学家费尔斯曼，把物理学和化学上的最新研究成果与天文学上的知识结合起来，为宇宙化学的诞生奠定了坚实的基础。宇宙化学也是一门科学，研究的是宇宙中的各种变化。费尔斯曼研究了陨石的结构，提出了原子在宇宙中运动的观点，证明了宇宙间所有物质的一致性：不管是陨石，还是我们的地球，甚至是太阳系中的所有天体，这些都是由相同的化学元素组成的。也就是说，这些天体有着密切的联系。

近几年，科学家得出了一个重要的结论，这些天体有着相同的来源。

科学家研究了地球上、陨石中含有的化学元素的同位素，发现这些同位素的成分完全相同。

从三种陨石的平均化学成分表可以看出，石陨石中含量最多的元素是氧，接着是硅、铁、镁，再下来是硫、钙、铝、镍，这些元素的含量都是比较高的。

石陨石中的氧和其他元素化合可以生成多种矿物或者氧化物；石陨石中的铁一部分和其他元素发生反应，另一部分以金属单质存在，这些单质铁分布在整个石陨石中，发出星星点点的光芒，从石陨石的断面上可以看出来。

表中显示的是各种元素在陨石中的平均含量，个别陨石可能不符合这种情况。

在陨石中，贵金属的含量是非常小的，1吨陨石中只含有20克铂，银和金的含量更少，大约是各5克。

科学家计算得知，每年掉到地球上的陨石至少有1 000块，但能够找到的非常少，只有四五块。

其余的陨石，有的掉在海洋中，有的掉在极地地区和沙漠中，有的掉在山地和森林中，由于这些陨石掉落的地方距离居民点太远，所以还没有找到。在大气的作用下，这些陨石逐渐损坏，和土壤混合在一起。

陨石中的原子和地球上的原子掺杂在一起，先从土壤中被植物体吸收，当动

通古斯陨石掉落地区倒下的树木

物把植物吃掉后,这些原子就进入动物体内;如果人吃了植物或者动物,这些原子就被人体吸收了。

由此可知,不仅地球本身和宇宙中的其他天体有着紧密的联系,就连地球上的生物界也与这些部分紧密相连。

科学家想知道每年掉落下来的陨石会使地球的重量增加多少,计算后得知,每昼夜大约有五六吨的陨石物质掉落在地球上。也就是说,地球的重量每年大约增加2000吨。

其实,这根本不算什么,就连流星体破坏时形成的宇宙尘埃都比这个重量大,这实在没什么大不了的。韦尔纳茨基院士说,地球的重量是不会增加的,虽然陨石和宇宙尘埃掉到地球上,地球得到了物质,但地球也把自己的物质送到太空去了,主要是一些气体原子及细小的尘埃。在地球上,物质有得有失,结果就保持了动态平衡。因此,韦尔纳茨基院士得出结论:我们要研究的不是个别陨石、宇宙尘埃落到地球上的情况,而是行星间的相互作用,地球和宇宙空间的物质交换问题。在这个过程中,包含了地球和其他行星的相互作用。

到目前为止,对陨石的分析并没有找到新的元素,只得出一个结论,那就是地球和其他天体的物质具有统一性。不过,就矿物成分而言,可以看出陨石的某些特征。

陨石中含有的主要矿物，在地球的岩石中的含量也很高。这些矿物指的是橄榄石和无水的硅酸盐：顽辉石、古铜辉石、紫苏辉石、透辉石、普通辉石；还有长石类矿物。

不过，在陨石中没有发现风化形成的矿物，也没有找到有机化合物。

陨石还有一个特点，含有的矿物中没有含水的硅酸盐。科学家经过多年的努力，想要从陨石中找到含有化合水的矿物，但一直没有实现这个目标。最近，苏联的科学家在陨石中找到绿泥石类矿物，即含水的硅酸盐。不过，只有罕见的炭质球粒陨石中含有这类矿物。

研究发现，在炭质球粒陨石中，绿泥石中的化合水占的比重是 8.7%。

这个发现意义重大，可以帮助我们找到石陨石的生成条件。

在研究陨石时，科学家发现了一些地球上没有的矿物，这个发现也非常重要。虽然陨石中这些矿物的含量极低，但是这表明陨石的生成条件跟地壳的生成条件不一样。陨石学家的主要任务是，找出陨石的生成条件。随后，科学家发现了陨石具有变质作用，这个发现更是了不起，因为这个作用不仅改变了陨石的结构，还改变了陨石所含矿物的成分。陨石生成后，开始在星际空间中运动，在接近太阳的时候，阳光的照射使得陨石变热，陨石就会发生变质作用。科学家致力于研究陨石的变质作用，近几年有了巨大突破，我们看到了陨石在星际空间中的旅行史。

陨石中含有放射性元素，其中一种就是钾，而且含量不是很少。我们知道，钾放射后会生成氩，所以根据钾和氩的含量可以推算出陨石的年龄，也就是陨石生成后经过了多少年。

根据钾和氩的含量，苏联的科学家计算出陨石的年龄是 6 亿~40 亿年。

现在，我们知道陨石是从星际空间中掉到地球上的。不过，我们不知道陨石是何时生成的，也不知道陨石是怎么生成的，科学家正在努力解决这个问题。

苏联的许多科学家都认为，在很久很久以前，由于某种原因，一个或者几个巨大行星破碎了，这些碎片形成了陨石和小行星。不过，这仅仅是一种假设，要想知道这个假设是否正确，只有好好研究陨石。我们相信，经过科学家的不懈努力，一定可以弄清楚陨石的生成过程，陨石在星际中的作用，以及陨石将来的发展变化。

斯大林在其著作《辩证唯物主义和历史唯物主义》中写道："……世界上没有不可认知的物质,只有尚未认知的物质,这些物质将来会由实践和科学来揭开。"

3.2 位于地下深处的元素

儒勒·凡尔纳、约克·桑德、科学院院士奥希鲁切夫写过一些关于地心趣事的小说,各种原子在地下深处是怎么活动的。在一些幻想小说中,有关于在高空中飞行的内容,这些描写奇妙无比。17世纪开始,这些幻想小说就把我们带到了神秘莫测的宇宙空间,齐奥尔科夫斯基的《飞到月球》把神秘感推向了最高峰。

这些幻想小说体现了人们的想象力,不管是过去还是现在,人们都不甘心把自己的视野局限在地球表面,而是想要探索地心深处的秘密,以及宇宙空间的神奇。

以前,人们认为大气层上面是静悄悄的,地球上的分子无法到达那里。不过,俄罗斯勇敢的平流层飞行家费多谢延科、瓦先科、乌瑟斯金却不这么认为,他们通过亲身的实践,揭开了征服高空的序幕。

平流层气球和火箭的问世,使我们对高空的认识加深了,那里的空气非常稀薄,空气的密度是地面空气密度的几百万分之一。

高空是一个非常吸引人的地方,催促我们不断向它迈进,随着科学技术的进步,我们对高空的认识逐渐加深,比对地下深处的世界了解得更多。

虽然我们对地下世界的了解不多,但人们对那里有着浓厚的兴趣,因为那里有我们想要得到的石油和黄金。人们开凿油井、挖掘矿坑,想要把地下的资源挖出来,但截至目前为止,最深的油井只有5千米,最深的金矿矿坑还不到3千米。不过,这已经是很好的记录了。

人们仍然在努力寻找石油和黄金,以后会挖掘得更深一些。我们相信新的技术会打破现在的记录,再往下挖两三千米也是可能的。不过,即使这样又算得了什么呢?地球的半径是 6 377 千米,挖得再深也仅仅是地球半径的千分之一嘛!

自古以来,人们一直想要知道地球内部的结构,不断地探索地球深处的秘密,想着控制地球的深处。现在,我们来想象一下,地球深处是什么样的,从地面到地心的旅行会碰到什么东西呢?

罗蒙诺索夫是第一个描写去地心旅行的人，虽然他的这种想法不是以一本书描写出来的，而是分散在好多本作品中。后来，拉季舍夫把罗蒙诺索夫想法整理后，出版了《论罗蒙诺索夫》。在拉季舍夫的著作《从圣彼得堡到莫斯科旅行记》中，最后写到坎坷不平的泥泞路，他说这段艰难的旅程和罗蒙诺索夫所想的地心之旅类似；他还说如果科学家从地面走到地心会看到这种情景，下面是具体的描述：

我小心翼翼地向地下走去，一会儿就看不见地球这颗巨星了。我要沿着罗蒙诺索夫所想的地心之旅的路线走下去，我要把他脑海中想到的事物描述出来，我相信那一定是一幅非常有趣的画面。

当通过地球的表层之后，也就是植物根系所在的那一层，我们就会感觉到地球表层和深层的不同之处，只有地球表层具有滋生能力。来到地下深处之后，我们可以得出一个结论：动植物的躯体构成了地球表层，而不是其他的成分，地面的土壤之所以非常肥沃、具有滋生能力，那是因为生物保持着基本组成成分，这些成分是永远不变的，改变的只是存在形式，本质是绝对不会变的。我们继续往下走，会发现下面是一层层的。

在各个地层中，有时会发现海洋动物的残骸，因此，我们可以断定地球的形成是从海洋开始的，当水从地球的这一端向另一端移动时，慢慢形成了现在我们看到的地下深处的样子。

地下的层状结构，有时会失去原有的样貌，使多个底层混合在一起。从这一点上可以判断出，曾经有猛烈的火从地心射出，不停地燃烧着，把路上遇到的一切东西都摧毁了。

大火穿过不同的地层，它炙烤着各种金属，使它们相互吸引、结合在一起。罗蒙诺索夫来到这里，看到了人类无比渴望的宝藏，进而想到了人类的贪婪和永不满足的欲望，只好无比心痛地离开了这个地方。

上述的描写完全符合现在的认识，里面没有一句话是荒谬的，只是现在的说法不同而已。

现在，我们用钻探仪器来探索地下的情况，对地下的认知不再停留在以前的幻想上，下面我们把最新的研究成果和18世纪的幻想比较一下。

几年前，在莫斯科克列斯强斯卡亚关卡外面搭建了一个钻架，从大街上无法看见这个钻架。钻架里面装着一架钻机，这个钻机可以钻到地下深处，带着我们去看看那里是什么样子。

于是，钻机开始工作，日日夜夜地往地下钻凿，想要钻到地下深处去。首先钻过了黏土和沙子，这是莫斯科平原上沉积而成的，这些东西是斯堪的纳维亚向南流动的冰川带来的。这是冰川时代层冰最后一次爆发，把苏联欧洲部分的北部全部覆盖了。

黏土下面是各种各样的石灰岩，两层石灰岩中间夹杂着泥灰岩和黏土，有些石灰岩的中间夹着石灰质的贝壳和骨骼。石灰岩的下面是沙子，沙子里面夹杂着煤层，这就是苏联的煤层，为苏联的工业提供煤和煤气的基地。

地质学家仔细研究了古代石炭纪海洋中的动植物生成的沉淀物，他们发现那时的海不深，天气温暖潮湿，所以海岸上的植物长得非常茂盛。后来，海变得越来越深，水从东北方涌向西南方，冲毁了沿路的森林和植物；水中的生物死亡后变成了珊瑚礁和石灰质浅滩。这就是莫斯科后来开采出来盖房子用的石灰岩，还给莫斯科带来了"白石莫斯科"的美称。现在，这些石灰岩还在广泛使用。

钻过了石炭纪这个地层，下面就是大量的石膏组成的沉淀物，这里的石膏层有好几百米厚，中间夹杂着很多层黏土，再下面就是大量的水。

水的上层含有许多硫酸盐，下层是大量的氯化物。钻机已经来到了盐水中，这里氯化物的含量非常高，大约是海水中的十倍。氯化物主要指的是氯化钠和氯化钙，其中还掺杂着溴化物和碘化物。

这里是比石炭纪更早的泥盆纪，那时的大海连着盐湖和三角港，海岸的周围是沙漠；厚厚的盐层沉积在海底，盐层中夹杂着淤泥或者灰沙，这是狂风把沙漠中的沙尘卷到海中形成的。

这时，钻机到了 1 000 米的深度，再下面是什么呢？泥盆纪沉淀物的下面又是什么地层呢？如果再往下钻探几百米，会看到什么物质呢？关于这个问题，科学家作了无数的推测，从推测中得出相应的假设。可是，在 1 645 米的深处发现了沙子，这绝对是泥盆纪的海岸，并且距离陆地不远。沙子里面有火成岩中的砂石，还有海岸上常常见到的圆形碎石片，可以判断出这里是海岸，再往下就是花岗岩的矿层了。

　　1947年7月底，苏联的钻机钻到了花岗岩层，这些花岗岩奠定了圣彼得堡到乌克兰的工业基础。不久后，塞兹兰和塞兹兰东部的钻机也钻到了这样的深度，发现了花岗岩。这些事实证明了科学院院士卡尔宾斯基的推测，苏联欧洲平原的地下是由古代的花岗岩陆台组成的。从卡累利阿芬兰共和国到德涅泊河和布格河的沿岸，这里的花岗岩和断崖也证明了上面的说法。钻机又往下探测了20米，发现了坚硬的花岗岩。地质学家推算出这是真正的花岗岩，是远古时期的沉淀物，距今至少有10亿年了。

　　钻机已经深入到了花岗岩层，再往下将是什么地层呢？如果再深入两千米，会到达漂浮着花岗岩的地层吗？对于这个问题，科学家有着不同的看法。

　　有人说不可能钻到下一个地层，因为这层花岗岩又硬又厚，会有几百米甚至是几千米。

　　另一部分科学家主张继续钻探，想用行动找出这个问题的答案。不过，下面的钻探非常困难，地质学家已经从地下两千米的地方取得了花岗岩的岩心，再往下钻一米都不知要花费多少气力。

　　现在的技术还不能使钻机钻到地下最深处去，要想了解那里的情况，只能另外想办法了。1875年，奥地利的青年地质学家爱德华·修斯首次提出了自己的看法。

　　修斯决定从高处来俯瞰整个地球，这是地质学和那时刚诞生的地球化学的观点。他把地球分成几层，每一层是由相同的成分构成的。根据旧时哲学家的想法，修斯把地球分成三次：第一层是大气层，指的是包围着地球的那层空气；第二层是水层，指的是海洋和其他水域覆盖的地球硬壳；第三层是岩石层，这里有许许多多的岩石，火在岩石深处燃烧，这种火在有火山的地方可以喷到地面上来。

　　后来，修斯研究了岩石的组成成分，根据所得的结果继续分析地球的分层问题。

　　1910年，英国的博物学家穆莱伊重新为地球划分了层次，称之为地圈。

　　从此之后，化学家、物理学家、地球化学家、地球物理学家都投入到地层的研究中，想要弄清楚每一层的结构。俄罗斯的科学家维尔那德斯基也在研究这个问题，研究工作正在如火如荼地进行。

　　地质学家和地球化学家不仅要了解地球的外貌，还要研究每个地圈中发生的各种反应，分析地球的内部结构。

　　地球物理学分析了弹性振动波的特点，这种波能够到达地下深处，根据反射波判断出各个地圈之间的界限。下面,我们来说一下地球物理学探得的结果。

现代科学家计算后得知,地球共分为 13 层,最高层是宇宙空间,那里到处是氢气、氦气的分子,偶尔也会出现钠、钙、氮的原子。

这一层的下面是距离地面 200 多千米的高空。再下面是平流层:这里氮气和氧气的含量开始增多,有时还会出现臭氧层。在几百千米的高空,北极光闪闪发光,照亮了周围的云层。

从距离地面十几千米的高空往下是一层,这就是我们所熟悉的对流层。这里有我们呼吸的空气,空气中含有氧气、二氧化碳、氮气、氯气及惰性气体,还有大量的水蒸气。

再下面是 5 千米左右的生物圈,也就是生物生存的空间。这里指的是地壳的上层,还有地壳上那层水的上层。

接下就是那层水,名字是水圈。水圈中含有氢、氧、氯、钠、镁、钙、硫等元素。

再往下是由固体组成的地圈:首先是被风化的外壳,这层壳的成分我们很清楚,主要是碳酸盐和浮土;然后是古代海洋形成的沉积岩层,这里有黏土、砂岩、石灰岩、煤层。这一层到地下的 20～40 千米处,接下来是变质岩层。

变质岩层的下面是花岗岩,里面含有大量的氧、硅、铝、钾、钠、镁、钙等元素。地下 50～70 千米的地方是玄武岩,玄武岩的主要成分是镁、铁、钛、磷。

到了地下深处的 1 200 千米,情况有了巨大的改变。这里不再有固体物质,而是充满了熔化物质,这一层叫做橄榄岩层,主要成分是氧、硅、铁、镁,还有重金属铬、镍、钒。

有一种检测地震的仪器叫做地震仪,地震时可以接收震波,通过研究震波了解地下的各层情况。科学院院士戈利岑制作的地震仪非常灵敏,可以测量短距离的震波和环球的长震波,根据震波的不同推断地层的状况。例如,从地心反射回来的震波,证明了岩石圈的存在。一些地质学家认为,2 450 千米深的地方是就是矿层,这里含有大量的钛、锰、铁等元素。

在 2 900 千米深的地方,密度发生了巨大变化,这里就是地球的核心了。虽然我们还没有弄清楚核的各种性质,但是知道核的主要成分是铁和镍,还有钴、磷、碳、铬、硫等元素。

以上的内容就是现代地球物理学家和地球化学家所知道的情况,每一个地圈

都含有几种主要元素，而且不同地圈的温度和压力不同。

这些情况都是非常复杂的，可能还有不正确的观点，虽然是这样，有一个地带对我们的吸引力特别大。我们居住在这个地带上，它有自己独特的性质。

这个地带的厚度大约是 100 千米，这里有着各种化学反应，有地震和火山爆发，有温度和压力的变化，有深层的岩浆、热泉和矿脉，有些地方不断受到破坏，有些地方却在新生。而且，人类也生活在这个地带，人们不停地研究自然，和自然作斗争，想要征服自然。这里还有各种各样的生物，分子的结合状况也是复杂的，这是一个充满斗争的神秘地带，也是一个不断发生变化的地带。

这个地带被地质学家称为对流层，对流层的意思是不断活动的地带。这个地带有着复杂的化学变化，正是这里的化学反应决定了各个地质时代的命运。这里是地球的化学反应地带，虽然有无数的陨石落到地球上，科学家研究了大量的陨石碎片，但是没有一块陨石和地球这个不断变化的地带相似。

人们对地下深处的了解非常少，因为能够接触到的仅仅是几千米的厚度。

不过，在人们不断的探索和研究中，我们的认识也在逐渐加深。

我们相信，科学家终有一天会战胜地下和高空，不管是想象上，还是技术上。

在地球物理学上，现在有一种巨大的仪器，这种仪器可以利用光波探测地球深处的情况，科学家通过分析反射回来的波可以了解地层的构成。曾经在乌拉尔和苏联南部进行过爆破，打开了认识地层的新篇章。许多精密的钻机上安装着耐火的钻探管和钻杆，钻头是用坚硬的合金制成的，钻帽是用金刚石做的，这样的钻机可以钻过花岗岩。我们相信，随着科学技术的发展，制造的钻机也会越来越精密，钻探的深度也会越来越深。

在不久的将来，钻探几十千米的深度将不再是幻想小说中的描述，而是技术上的真实体现。

对世界的了解是没有止境的，同样，人类的创造力也是无限的。

3.3 地球上的原子史

一百多年前，柏林大学中的著名自然科学家亚历山大·冯·洪堡，去无人到过的美洲各地旅行，回来后演讲了无数次，把自己见过了的壮丽景观告诉大家。

后来,他把演讲的内容整理出来,放在《宇宙》这本书中。书名来自希腊文,原意不仅表示宇宙的概念,还表示美丽,指出人类创造的世界是非常美丽的。

在这里,洪堡把宇宙当作是各种事物的集合。

洪堡想凭借 19 世纪的科学成就,用自然界的统一性来解释宇宙的秩序,想知道在宇宙的复杂变化中是什么在起作用。不过,他没有找到答案,因为他把宇宙分成了一个个独立的王国,每个王国都有自己的代表,彼此之间毫无联系。

亚历山大·冯·洪堡(1769—1859),德国著名的科学家、博物学家,在物理、化学、地理、矿物学、火山学、植物学、动物学、气候学、海洋地理学、天文学等方面有杰出的贡献,是 19 世纪最杰出的科学家之一

以前的人把世界分成几部分,矿物界、植物界、动物界有着严格的界限。

那时候还是旧的观点,认为世界是固定不变的,是由神的意志形成的独立的"王国",所以洪堡提出的自然现象之间有联系的观点,没有被人们采纳,因为当时没有证据证明各种现象之间的关联。

各种现象的共同之处就是原子,所以现在对宇宙概念的解释就是依据这个基础。物理学和化学的规律控制着自然界中原子的发展变化。我们知道,原子能够失去或者得到电子,原子有着复杂的结构,中心是一个原子核,原子核外面是高速旋转的电子。

我们还知道，核外电子的运行轨道是相互交错的，原子可以结合成分子，这就是化学的结合状态。然后，离子、原子、分子可以结合成复杂的晶体，这是构成世界的高级因素，在物理学和数学上都是完美的存在。例如石英，它是透明、纯净的晶体，古时候的希腊人把石英叫做"化石冰"。

我们已经知道自然界中的晶体是怎样形成的，然后被破坏掉，形成新的胶体物质，那是无数的原子和分子组成的。在胶体中，有着复杂、巨大的分子，这些分子非常稳定，里面含有大量的碳，也就是所谓的活细胞。

活物质使原子的发展变得越来越复杂，首先凝聚成各种菌丝体，也就是半动物、半植物、半胶体的微小物质，这些物质非常小，用超显微镜才可以看见；然后，慢慢结合成单细胞生物，在显微镜下就可以看见这些单细胞生物，主要指的是细菌和纤毛虫。

自然界中的原子都经历了这个阶段，每一种原子都有自己的发展史——从开始出现到进入活细胞。

很久以前就像神话中描写的那样，宇宙是混混沌沌的一片，混沌中产生了原子漩涡，不断地往外发射电磁波。于是，热运动慢慢停止了，逐渐冷却下来。

是天文学家还是哲学家给我们解释了这个过程，对我们而言远远不够。我们想要知道的是，原子漩涡是何时形成的，原子又是什么时候结合在一起的。

现代地球化学家研究后得出，上述结构的组成是：40%的铁，30%的氧，15%的硅，10%的镁，2%～3%的镍、钙、硫、铝，还有少量的钠、钴、铬、钾、磷、锰、碳等元素。

从上面的组成中可以看出来，构成宇宙的主要元素都比较稳定，它们的原子都符合双数规则。

多种原子组成的漩涡，其中，有些原子的含量很多，有些原子的含量很少，甚至少到一千亿分之几。

游离的气体原子冷却后慢慢变成了液体物质，逐渐结合在一起，就像矿石在鼓风炉中经历的过程。

揭开地球构造谜团的人不是地球物理学家，也不是理论家，而是冶金学家。冶金学家善于提炼各种金属，了解鼓风炉中各种原子的状况。在物理学和化学的定律下，各种原子相互分开，熔化的物质分成好几层。这时，原子按照一定的顺序排列着,轻的在上面,重的则在下面。

这样就形成了一个金属核,核的外面是一层金属硫化物,再往外是硅化物的硬壳。地球物理学家研究后发现,构成地球各层的物质类似于鼓风炉中的各层熔化物。

地球的铁核位于距离地面2900多千米的地方,这样的主要金属是铁,其次是铁的同类元素,铁的亲密伙伴镍和钴。

除了铁、镍、钴这三种元素,铁核中还有一些元素,化学家称之为亲铁元素,这个名字是炼金术士想到的,而18世纪的哲学家还嘲笑过这些炼金术士。亲铁元素指的是铂、钼、钽、磷、硫,它们和铁的性质类似。我们对地球核心的了解就是这样。

从距离地面1200~1300千米的地方到地球核心是另一个地带,科学家对于这个地带的组成成分看法不同,发生过无数次争论,但毫无疑义的是,它的成分跟炼铜或者炼镍时鼓风炉中的熔化物类似。在有色金属冶炼厂中,这种熔化物被称为"粗炼金属"。这个地带中还有金属的硫化物,科学家把这个地带叫做矿层是非常有道理的。

矿层中含有铜、锌、铅、锡、锑、砷、铋的硫化物。不过,在地壳中也有这

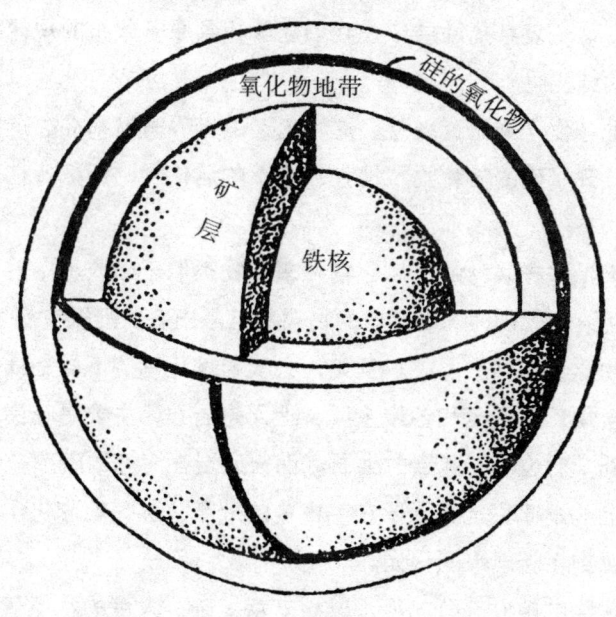

地球的结构

些硫化物。

矿层的上面是氧化物地带，这个地带还可以再分层。深处含有大量的硅、镁、铁的岩石，科学家对这里的研究比较晚，在南非洲找到管状的金刚石才开始研究它。在管状的矿脉中，含有致密的各种矿物，是地下的熔化物涌上来，冷却后形成的。

从地球表面到下面的1000千米是另一层，主要物质是硅的氧化物，我们就生活在这个地层上。我们对这个地层的了解很少，仅仅到下面的20千米左右，这个地层的结构非常复杂，里面含有各种各样的岩层和矿物。

就成分而言，这个地层的成分和地球的成分有着明显的区别，看过下面的数据就更清楚了：氧的含量是50%，硅的含量是25%，铝的含量是7%，铁的含量是4%，钙的含量是3%，钠、钾、镁分别占2%，剩下的是氢、钛、氯、氟、锰、硫等元素。

这些数据是经过无数次的分析和计算得出的，绝对可靠。研究后发现，地球的这层的成分不均匀，各种原子的分布状况无比复杂，我们很难说清楚地壳的全貌。有时候地壳是闪闪发光的花岗岩，有时候是色泽暗淡的玄武岩，有时又是洁白的石灰岩、砂岩、页岩。在这个基础上，还有各种金属的硫化物、多种盐类及其他的矿物。在这个复杂的地层中，我们能够找到原子分布的规律吗？我们能够弄清楚花地毯的结构吗？

近几年，地球化学家研究发现，这个复杂的世界有着精准、严密的规律。地球化学家不但分开了硅的氧化物、地壳、地下的熔化物，还把各种原子分开，仔细研究原子的状态。

地球化学家是这样认为的，熔化物和氧化物类似于鼓风炉中的矿渣，慢慢凝结在一起，然后结晶成各种矿物。重的物质先结晶出来，沉积在底下；轻的物质、气体、挥发性物质会跑到上面去。例如，玄武岩熔化物的下面是镁铁矿物；中间是铬和镍的化合物，金刚石和铂族金属；上面是岩石，主要是花岗岩。花岗岩是形成陆地的基础，它位于玄武岩的上面，而玄武岩在海洋的底部。

物理化学上的规律决定着原子在宇宙中的分布状况，地球化学上采用了这些规律，使我们看到了新思想的曙光。

花岗岩熔化物的中心部分的冷却过程非常复杂：大量的水蒸气和挥发性气体

跑出来，穿过附近的岩石，变成了滚烫的水溶液，这种水溶液类似于我们熟知的矿泉。这些炙热的水蒸气和气体包裹着花岗岩中心的熔化物质，好像是月亮外面的光晕。等到花岗岩冷却后，水蒸气和挥发性物质沿着岩石的缝隙流出来，就像是炙热的地下河，有一部分在花岗岩的缝隙中凝结成矿物，另一部分冷却后流到地面上成为了冷泉。

在冷却的花岗岩中，很容易见到熔化物的残骸，这是著名的伟晶花岗岩矿脉，里面含有放射性物质。另外，还夹带着宝石，例如，绿柱石晶体、黄玉晶体；还有锡、钨、锆等稀有金属化合成的物质。

在复杂的分层中，接着是石英矿脉，里面含有大量的锡和黑钨矿；再下面是石英矿脉的分支，里面含有金子；最后是各种金属矿脉，以及锌、铅、银沉积成的物质。在距离花岗岩熔化中心很远的地方，那里有着红色晶体锑化物和硫化汞，还有黄色或者红色的砷化物。

这些矿物的分布有着一定的原则，完全符合物理化学上的规律。如果原子沿着长长的裂缝分布，就会凝聚成环形或者带状，一层挨着一层，把花岗岩的熔化物包围起来。现在，我们知道的矿物带有三条：第一条的起点是加利福尼亚，由北向南穿过了南北美洲大陆，含有铅、锌、银等金属元素；第二条沿着南北方向贯穿了整个非洲；第三条环绕在亚洲的岩层上，像是一个花环，长达几百千米，含有各种矿石和有色石头。

地球上的矿物像是胡乱分布着，看起来毫无章法，没有人知道为什么这样分布，而在现代地球化学家的眼中，这是各种原子按照一定的规律形成的一幅图画。原子的性质决定了它们的分布状况，根据这个规律来研究自然界的状况，一定可以解决很多问题，取得巨大的成功。

真正的地球化学规律取代了中世纪的矿石研究和考察，早在 16 世纪的时候，阿格里科拉就提过这些规律，他说某些金属之间有着亲密的关系。

俄罗斯著名的科学家罗蒙诺索夫也说过类似的规律，200 多年前，他在同一个地方发现了不同的矿石，号召化学家和冶金学家研究原因，希望他们同时解决这些问题：锌和铅为什么会聚在一起？钴为什么总是伴着银出现？镍和钴这两种金属怎么会和奇异的铀在一起？

花岗岩中的各种元素按照一定的规律排列着，有一种神秘的力量在起作用。

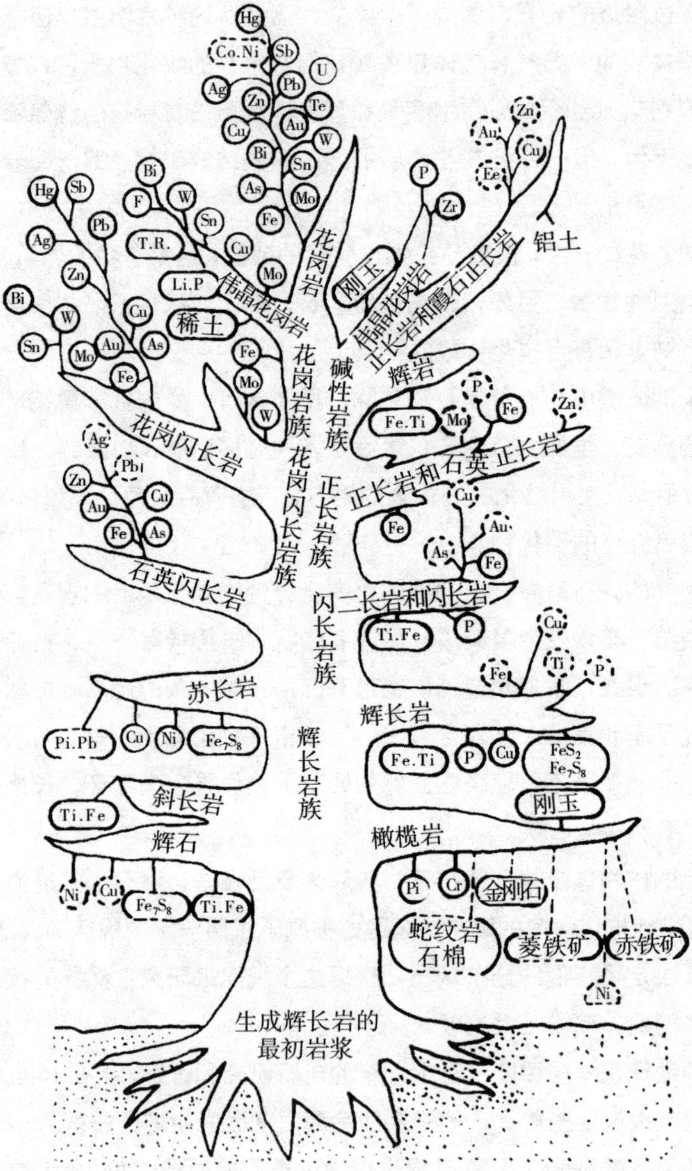

与最初形成的火成岩有关的元素和有用矿物的分布图

如果说原子的性质决定着地下深处熔化物的分离状况,那么,花岗岩中的原子遵循的是新的规律。

原子结合在一起后有好几种状态:游离的原子和分子,液态或者玻璃状态,还有宇宙中的特殊状态。地下深处没有这种状态，只存在于行星际空间中，把剧烈运动的原子冷却到2000℃才能形成。

这就是晶体，正因为有了它，我们的世界才能如此整齐。在前面我们就说过，1×10^{22}个原子才可以构成一立方厘米的晶体物质，这些晶体按照一定的规律排列着，形成网状的结构。地壳的上层是由晶体构成的，我们周围的物质大部分也是晶体结构。

晶体的规律决定了元素的分布情况，而且晶体中的元素可以互换：某些元素在晶体内部可以移动，另一些元素受到电子的吸引，彼此之间的束缚力非常紧密，这样的晶体坚硬无比，机械强度很高，宇宙中的任何力量都无法破坏它。

道库恰耶夫（1846—1903），俄国自然地理学家、土壤学家。创立了土因素学说，提出了土壤剖面研究法、土壤制图方法，用土壤发生学观点给土壤分类，划出了俄国的主要土壤带，创建了土壤地带性学说，是土壤发生学派的创始人之一，也是土壤地理学的奠基者

天体内部，原子处于杂乱的混沌状态；地球表面，原子整齐地排列着，形成了无数的网格，看起来井井有条。

现在，我们讲述的地球表面的状况，地球中心无法影响原子在地面上的分布，但太阳和宇宙射线会产生影响。在这种作用下，原子的发展变化依据的是物理化学和结晶化学的规律。

50多年前，道库恰耶夫在圣彼得堡大学授课，对地球表面土壤的形成有着独到的见解。他认为气候和动植物对土壤有着决定性的影响，决定了土壤中原子的分布情况。所以,他把土壤看成体现原子性质的新世界。

道库恰耶夫说过这样一句话:"土壤可以称之为自然界的第四王国。"道库恰耶夫认为,不仅土壤服从这个世界的规律,而且人也要受到这个规律的约束。

在地球的表面上,原子的活动异常复杂。晶体在地下深处的生成过程很简单,但地面上就不是这样了。

地理状况制约了原子的运动,再加上气候、季节、昼夜的变化,以及动植物的影响,这一切打破了原子的原有规律,促使原子去寻找新的方式达到新的平衡。

地下的环境是安静的,晶体可以静静地生成,分布的范围也很广;但地面的变化非常剧烈,这里有许多的因素可以对原子产生影响,各种力量在不断斗争,不仅有温度的影响,还有破坏作用。这里精确的晶体比较少,晶体碎屑比较多,这种碎屑是一种新的存在形式,是一个动态的系统,我们把这些碎屑称为胶体。

地下深处的世界井然有序,地面上的世界变化无常,这两个世界有着显著的矛盾。自然界的变化风起云涌,化学反应不可能像地下那样有序地进行。地面上的晶体刚生成,马上就会被破坏掉,变成了另一种晶体。有时候,无数晶体的碎片结合在一起,生成了大颗粒物质,这种大颗粒是由成百上千个原子组成的,这种新型的物质就是不稳定的胶体,在有机世界中经常见到。

不过,地球表面上的矿物一方面被外力破坏,另一方面内部的力量在起作用,这种力量是不容忽视的。

我们周围的黏土、铁矿、锰矿、铝、铁、锰等各种元素结合成的化合物,磷的各种化合物,到处都有新的力量在发生作用,这些力量是复杂多变的外界环境产生的,这些力量有着巨大的威力,一边破坏一边建设,这里的新规律决定了土壤的性质,促使土壤中的金属不断移动,相互交替。

这样,自然界就发展到了原子史的最后一个阶段——生命的发展过程。胶体为生命的发展奠定了基础,胶体中的分子可以结合成复杂的物质,里面蕴含着巨大的能量,于是出现了新物质的萌芽,这种新物质就是活细胞。

活细胞是一种柔软的结构,原子时而结合,时而分离,慢慢出现了生命;生命的出现是原子系统发展变化的必然结果,符合逻辑规律。在进化过程中,生命也在逐渐发展,不断完善。生命是原子结合的新形式,使原子的结构变得复杂,

地球史上的造山运动和生物进化

从单细胞到人，生命成为了地面上的主要物质。

现在，生命和自然界中的水、空气已经融为了一体，我们决不能人为地把它们分开。生命是原子系统的最高形式，是有机体进化的最终结果。后来，出现了伟大的思想家，他们发现了一些关于能量的规律，这些规律是这个新的体系的基础，虽然这个体系不太稳定，也不太完善，但非常强大，比较活跃。

在原子的发展史上，原子变得越来越复杂。

开始时，仅仅是带电的质子，后来出现了原子核。慢慢地变复杂了，原子核跑到宇宙空间的寒冷处，电子围绕在原子核的周围，这样就出现了原子。无数的原子结合在一起，排列成各种几何图形，这就是化合物。

晶体是化合物的代表，原子紧密地排列着，结构非常匀称，内部的能力比较少，是物质失去活力的呆板形式。不过，胶体系统的起始点也在这里。

胶体慢慢变成力活细胞，无数的活细胞组合成复杂的大分子，这就是至今仍未研究清楚的蛋白质，蛋白质是物质的最高形式，使我们的世界显得生机勃勃，无比神秘。

在自然史上，原子一直在东奔西跑，寻找新的变化。现在，我们不知道未来是否会出现比晶体更稳定的形式，是否会出现比活物质含有更多能量的物质。我们对原子将来的旅行路线知之甚少，对自然界的了解非常有限，所以谁也不清楚原子会怎样变化，又会产生多大的能量。

3.4 空气中的各种原子

我们无时无刻不生活在空气中，从来不觉得空气有多么重要，那么，你是否想过离开空气会怎么样呢？空气是由什么组成的呢？

高山上的空气比较稀薄，我们在那里呼吸就会比较困难，有些人在3 000多米的地方就会不舒服，身体开始衰弱；飞行员在5 000米的高空飞行时，呼吸就会不顺畅，如果在8 000~10 000米的地方飞行，空气就不够用了，必须使用自带的氧气。

在很深的矿井中工作也是一件非常痛苦的事情，地下1 500多米的地方，空气产生的压力非常大，耳朵会听到嗡嗡的声音，就像是耳鸣。

现在，空气不仅是科学上研究的重要课题，也是化学工业上的焦点问题。

以前很长一段时间，没有人知道空气是什么。在化学刚出现的几百年里，人们认为空气是一种特殊的气体，给它起了个名字叫做燃素，是某种物质燃烧时放出的，在自然界广泛存在。

后来，法国著名的化学家拉瓦锡发现空气中含有两种主要物质：一种物质在生命中有着重要的作用，被命名为氧气；另一种物质与生命无关，起了个名字叫做氮气。

1894年，无意间发现空气的成分很复杂，除了氧气和氮气，空气中还有许多

其他的元素，这些元素有着重要的作用。

下面是现代物理学家测量的空气组成：

氮气：75.5%　　　　　氪气：0.001 25%

氧气：23.01%　　　　 氦气：0.000 07%

氩气：1.28%　　　　　氙气：0.000 3%

二氧化碳：0.03%　　　氡气：0.000 04%

氢气：0.03%　　　　　水蒸气：不固定

现在，我们很清楚空气的组成成分，即使一立方米的空气中有一点其他的物质，化学家也可以测量出来。

现在已经知道，我们身处的空气环境不仅是所有生命的重要保证，也是新工业的重要基础。

安托万洛朗·德·拉瓦锡（1743—1794），法国化学家、生物学家。他编写了第一部真正意义上的化学教科书，提出了规范的化学命名法，被人们称为"化学之父"

英国最近的统计显示，英格兰和苏格兰的全体居民一昼夜会从空气中吸入2000多万立方米的氧气，一昼夜供给工厂的氧气也有100多万立方米。

在工业上，燃烧煤和石油的时候也会需要氧气，燃烧产生的二氧化碳会被排放到空气中。生物体内也在进行着类似的活动，每天吸入氧气，呼出二氧化碳。

我们知道，植物的光合作用可以吸收空气中的二氧化碳，放出氧气。例如，一棵大桉树每天分解的二氧化碳的量大约是一个人呼出二氧化碳的三分之一，这样一来，三棵大桉树分解的二氧化碳正好等于一个人呼出的二氧化碳。

由此可知，植物的作用多么重要，所以我们要植树造林，爱护植物。只有植物能够制造人类需要的氧气，并且分解掉人们呼出的二氧化碳，保持空气成分的动态平衡。随着工业的发展，氧气的使用量越来越大，我们更应该重视植物。

1885年，利用空气中的氧气制造氧化钡，这是化学上首次使用空气中的氧气。现在，氧气在化学工业上的应用越来越广泛，冶炼金属时会把纯净的氧气吹到鼓风炉中，氧气还可以当作氧化剂来使用。

把空气压缩成液体，再把液体中的氧气提取出来，这样的装置逐渐增多。

人们不但使用空气中的氧气，还使用空气中的其他气体。

不久前，在空气中不到1%的氩气没有任何作用。现在，每年要从空气中提取大约100万立方米的氩气，用在工业上。

大家是否知道，每年大约有10亿个灯泡用氩气填充。

城市中的广告灯五光十色，里面填充的就是氖气。氖气在空气中的含量非常少，仅仅是五六万分之一，但工业上对氖气的需求越来越大。

人们还把空气中的氦气提取出来。最早在太阳上发现了氦气，虽然太阳上的氦气非常多，但空气中氦气的含量比氖气还少。不过，地下喷出的气体中也有氦气，提取后用在工业上。利用氦气可以得到世界上最低的温度，也可以用氦气来填充飞艇。

现在，就连空气中含量极低的氪气和氙气，也在工业上发挥着重要的作用。

空气中氪气的含量低于十万分之一，氙气更少。不过，我们还是把它们提取出来，把氪气注入电灯泡中，可以把灯泡的亮度提高10%，氙气可以提高20%。这样一来，就可以节约10%或者20%的电力。

空气中的氮气可以制作工业上的肥料。1830年，第一次使用氮的化合物制作肥料。

那时候，谁也没有想到空气中的氮气可以使贫瘠的土壤变得肥沃，就连从智利运来的硝石都一定能办到。后来，化学家发现氮、磷、钾是植物生长的必要元素，想到肥料可以提供这些元素，于是，各国开始积极寻找这三种物质。由于氮的需求量很大，所以物理学家兼化学家在1898年提到氮来源恐慌的问题时，建议化学家从空气中提取氮气。

几年后，化学家摸索到了方法，利用电火花把空气中的氮气转变成氨、硝酸、氰氨。

第一次世界大战时，氮气可以用在炸药上，导致氮气的使用量大增，各个国家开始努力寻找氮气。现在，全世界有150多个氮气工厂，每年可以从空气中提取400多万吨的氮气。不过，这个数字算不了什么，因为空气中氮气的含量很高，达到80%多。

看了下面的对比就更明白了：全世界每年从空气中提取的氮气相当于半平方千米地向上空气中所含的氮气，这个量是多么小啊！

上面所说的就是我们知道的空气中的各种气体在工业上的应用，现在还在努力研究，想要充分利用空气的每种成分。空气是取之不尽的资源，它可以为矿物提供所需的原料，是一个巨大的宝藏。但是，如何充分利用这个宝藏，现在还不清楚。

现在，分离空气的方法还不完善，还有很大的发展空间。想要把空气中的氮气提取出来，需要很大的压力，还要消耗无数的能量。分离稀有气体或者提取氧气时，需要用到贵重且复杂的装置，把空气变成液体后，再一个个分离出来。近几年，苏联在空气的分离上有了显著的进步。

苏联科学院的物理研究所发明了一种分离空气的机器，不但可以把空气中的各种成分分离出来，而且分离后的纯度比较高。

我们下面要说的是一种小型机器，可以安装在房间里。通上电后，机器中的压气机就会转起来，这时把写着"氧气"的龙头打开，里面流出来是冷却到-200℃的液态氧，氧的颜色是淡蓝色的。

另一个龙头中流出的是液态的氮气或者氩气，在容器的底部聚集着像炉子里的灰的物质，这就是固体的二氧化碳。我们把这些二氧化碳放到特制的压榨机中，

压出来的就是干冰，可以用来冷藏物质，或者在夏天时降温。

虽然这个想法比较超前，现在还没有这样的机器，只要通上电就可以制造出液态氧等物质，但我相信，我们会充分利用空气这种充足的资源，建立起化学工业，推动工业的发展，为人类的美好未来铺路。

到此，这一节应该结束了，但我的话还没有说完，我还想说一个重点。

除了上面说到的各种气体，空气中还有二氧化碳，燃烧煤、木柴，或者煅烧石灰石时会产生各种气体，这一点还没有说到。

工厂会排放出大量的废气二氧化碳，有关人士建议把这些二氧化碳转化成干冰，用在工业或者生活上。

物理学家告诉我们，空气中除了上面讲述的十种气体，还有大量其他的气体，只是它们的含量非常低，大约是一亿分之几，甚至是一千亿分之几，这些气体是放射性气体。

这就是镭射气和轻金属蜕变生成的各种气体，这些气体在空气中存在的时间比较短，也就是几天、几小时、几分钟，甚至是百万分之几秒。原子核分裂产生的这些气体都会充盈在空气中，这些不稳定的气体慢慢发生变化，直到变成稳定的固体物质。

我们周围的空气不断地发生化学反应，分散的原子之间可以产生复杂的变化，放电现象就是其中的一种，只是了解得非常少。

解开这些谜题后，我们在征服自然界的道路上又前进了一步。

3.5 水中的各种原子

泉水、河水、海水、地下水一起构成了地球上的水层，称之为水圈。在无边无际的大海上，由于阳光的强烈照射，海面上的水不断地变成水蒸气，被蒸发掉。

水蒸气在高空只能够凝结成云，然后变成雨、雪或者冰雹落到地面上，接着渗到土壤中去，可以重回岩石，带着里面的可溶物质重新回到大海中去。

就是这样，水不断地循环，从海洋来到空中，再从空中落到地面上，最后又回到海洋中。每一次循环，都会带走岩石中的一些可溶物质。

各种形状的雪花

计算后得知,每年有 30 亿吨的可溶物质从陆地进入海洋。也就是说,每 2.5 万年就有一米左右的地层被带到海洋中。

在地球上,水的作用真是太大了。

水是由氧原子和氢原子组成的,化学分子式是 H_2O,在地球上的分布及其广泛。世界上海水的总体积大约是 13.7 亿立方千米,所占的面积比陆地大得多。

无论是在地质史上,还是地球化学史上,水都具有极其重要的意义。

这也可以解释地质学上的一种假说,地球上的岩石来自水中。

这种假说的名字是水成论,水成论和火成论有着激烈的争辩,火成论的观点是,地下的熔化物喷到地面上形成了各种岩石。

现在，我们已经知道，岩石的生成离不开水和火这两种物质。

在自然界中，没有纯净的水，也就是不含其他物质或者盐类的水。即使是雨水，也含有二氧化碳、少量的硝酸、碘、氢等物质。

想要制取纯净的水，是非常困难的。空气中的各种气体和盛水的容器的内壁都可以溶解在水中，虽然量非常少，但毕竟溶解进去了。例如，当我们用银器盛水时，十亿分之几的银会溶解到水中；用银匙喝茶时，也会有少量的银进入水中。由于银的量太少了，化学家测量不出来。不过，这样的水可以使水藻之类的低等植物死亡，它们对水中微量的银和其他的某些原子极度敏感。

水在沙石、黏土、石灰岩、花岗岩等地面上流过时，可以把溶解在水中的多种化合物带走。有些科学家说，只要知道了河床的组成成分，就算知道了河水的成分。

在自然界中，铝硅酸盐的分布很广泛，但水中铝和硅的含量不高。即使水中有铝和硅，也是浑浊的混合物状态。另外，河水和海水中都含有钠、钾、钙、镁等元素，这是为什么呢？

因为盐类的溶解度决定了海水的成分，以及溶解在水中的盐类。最容易溶解的物质，通常是自然界中常见的物质。我们早就说过，天然水蒸发后留下的盐类残渣中，含有钠、钾、钙、镁、氯、溴等元素。

在天然盐水中，也含有这些容易溶解的元素，这些元素以化合物的形式存在，这些化合物来自被冲洗的岩石。

由此可知，海洋是盐类的居住地，当水在陆地和海洋之间循环时，这些盐就开始在海洋的底部聚集起来。

以前，科学家计算出了海洋中含有的盐的重量，然后又计算了一年中冲到海洋中的盐的量，以此来推算海洋的年龄，也可以说多少年海水中才能有现在那么多的盐。不过，算出的答案并不可靠。

总而言之，容易溶解在水中的盐类是天然水中含有的化合物。在海水中，盐的含量大约是3.5%，氯化钠高达80%，氯化钠是我们所熟悉的食盐。我们知道，食盐在水中的溶解度很大。其他能够溶解的物质，在海水中的含量很低。无论是海水、河水，还是泉水、地下水，里面都含有全部的化学元素，问题在于我们能否找到。

化学元素有将近100种，这样一来，天然水的成分可能会多种多样。根据成分的不同，科学家把天然水分成了不同的种类。

第一种是海水。只要是海水，它的成分就是固定的，跟海水所在的地域或者深浅度无关。

第二种是河水。与海水不同，河水的成分不是固定的，但区别不大。不同河水经过的岩层不同，流经地域的气候也不一样，所以导致了河水的成分有些诡异。例如，北纬地区的河水中，铁和腐殖土的含量比较高，河水有时会呈现这些物质的颜色；中纬度地区的河水中，含有较多的钠、钾、硫酸盐、氯；在很热的地方，尤其是河水不会流进海洋的地方，河水中含有大量的盐。

第三种是地下水。地下水的成分和深度有关，地下水所处的位置越深，和盐水的成分越接近。

第四种是矿水。矿水的成分变化最多，地下的矿水到地面后会形成矿泉，有些矿泉可以用来治病。矿泉的种类多种多样，有的含钙，有的含溴和碘，有的含镭，有的含锂，还有的含镁和硼，等等。根据矿泉的名称，我们就可以判断出里面含有的元素或者化合物。

这些矿泉的形成，不仅和地下水的溶解度有关，也和渗入地下水中的岩石种类有关。

根据矿泉的成分找到它们的成因，是摆在科学家面前的一种重要任务。现在，地球化学家和水化学家正在研究这个问题。

美国黄石公园中的喷泉

下面是表示海水成分的表，数字表示的是百分数：

氧	86.82	铝	0.000 0011
氢	10.72	铅	0.000 000 5
氯	1.89	锰	0.000 000 4
纳	1.056	硒	0.000 000 4
镁	0.14	镍	0.000 000 3
硫	0.088	锡	0.000 000 3
钙	0.04	铯	0.000 000 2
钾	0.04	铀	0.000 000 2
溴	0.006	钴	0.000 000 1
碳	0.002	钼	0.000 000 1
锶	0.001	钛	0.000 000 1
硼	0.000 4	锗	0.000 000 1
氟	0.000 1	钒	0.000 000 05
硅	0.000 05	镓	0.000 000 05
铷	0.000 02	钍	0.000 000 04
锂	0.000 015	铈	0.000 000 03
氮	0.000 01	钇	0.000 000 03
碘	0.000 005	镧	0.000 000 03
磷	0.000 005	铋	0.000 000 02
锌	0.000 005	钪	0.000 000 004
钡	0.000 005	汞	0.000 000 003
铁	0.000 005	银	0.000 000 004
铷	0.000 002	金	0.000 000 000 4
砷	0.000 0015	镭	0.000 000 000 000 1

从上面的表中可以看出，前 15 种元素在海水中的含量高达 99.99%，后 74 种元素仅仅占 0.01%。

不过，这些元素在海水中的绝对数字也不小，例如，海水中金的总量有一百多万吨。

科学家一直想要设立一个化工厂，主要的任务是把海水中的金子提取出来。不过，这个想法还没有实现。

海水中含有溴、碘、氯等元素，这些元素在工业上有着重要的作用。海藻及海洋中的某些生物可以摄取海水中的碘。工业上使用的碘主要来自海藻。

海藻死亡后会沉到海底，含有的碘元素就沉积在海底的淤泥中。海底的淤泥变成岩石后，水就被挤出来，变成了岩层水，碘就溶解在了水中。在开采石油的时候，常常会碰到岩层水，里面含有大量的碘和溴。现在，人们可以把岩层水中

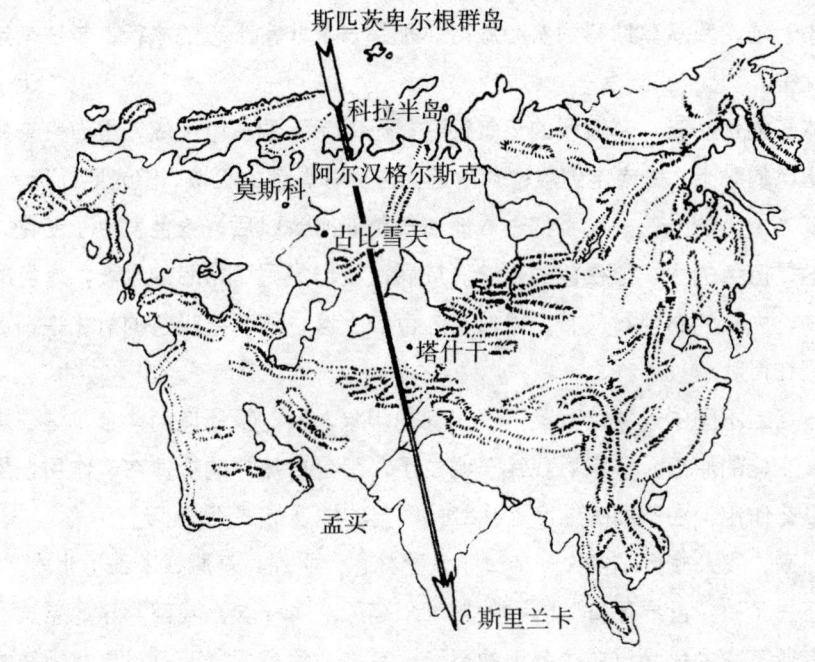

的碘和溴提取出来。海水中也含有大量的溴，我们可以把海水中的溴直接提取出来（也可以这样提取镁），用在各种工业上。

当天然水中含有过多的钙离子时，钙离子就会以碳酸钙的形式沉积在水底，慢慢生成石灰石和白垩。

在钙的发展史上，二氧化碳有着不可忽视的作用。二氧化碳的含量过多时，碳酸钙就会溶解在水中；二氧化碳的含量比较少时，碳酸钙就会析出来，在水底沉淀。我们知道，植物在进行光合作用的时候，可以吸收二氧化碳，这样一来，植物也可以影响钙在水中的溶解情况。事实的确如此，热带海洋中的环礁是由碳酸钙组成的，这里沉积成的碳酸钙与海生植物的作用分不开，也与海生动物有着密切的关系。

这个例子说明，在天然水的生成过程中，水中的生物起着重要的作用。

如果忽略了生物对天然水的影响，就不可能弄清楚海水、河水、湖水从生成到现在的变化过程。

3.6 地球表面的各种原子

小时候，我从莫斯科到希腊旅行，那是一次非常难忘的旅行，越往南走，景色越优美。

旅行的那一天，莫斯科的天气很好，一望无际的灰色土壤，里面夹杂着灰红色和褐色的黏土。往南走到敖德萨附近，这里有黑色的土壤，阳光照在黑土地上，出现五光十色的光芒。在我们进入博斯普鲁斯海峡以后，景色发生了变化，映入眼帘的是蓝色的水，栗褐色的土壤。最后，我们见到了希腊的风景，绿色的松柏科植物，大片的白色石灰石，里面有红色的土壤，还有红褐色的氧化铁，这种景象历历在目。

一路上不同的景象给我留下了深刻的印象，当时我还询问父亲，这些景色产生巨大变化的原因。多年后我终于明白了，那是自然界的规律在起作用，是化学上的氧化作用，在不同的纬度上，氧化作用的体现形式不同。

后来，我又旅行了多次，走过了大密林、大平原、苔原，来到了北冰洋地区，最后还去了有"世界屋脊"之称的帕米尔高原。每一次，我都深深地感觉到不同地带有着不同的化学反应，各地的原子也有不同的命运，而且对自然规律的作用有着越来越深的认识。

我们看看上页的小地图，顺在箭头的方向进行一次旅行，起点是斯匹茨卑尔根群岛，终点是印度洋的斯里兰卡岛。

斯匹茨卑尔根群岛又叫斯瓦尔巴群岛，群岛四周全是冰，死气沉沉，毫无生机。这里不产生任何化学反应，岩石不会被破坏成黏土或者沙子，严寒会渗透到地下深处，冻坏的岩石碎片堆积成崖锥。鸟儿飞过的地方，有时会出现一些有机体的残骸。在这一片冰漠中，仅有的矿物是磷酸盐。

往南走到苏联的科拉半岛或者是拉尔极区，这里就有化学反应在进行了，只是反应非常缓慢。科拉半岛上的岩石非常洁净，如果早晨在几千米外用望远镜来观看，看到的岩石和博物馆中的类似。氧化铁的薄膜覆盖了大部分地域，泥炭只是堆积在低洼的地方，植物缓慢地被氧化，逐渐变成褐色的腐植酸，春天发大水的时候会把腐植酸和其他的溶解物一起带走，把湖沼中的凝冻状的泥炭层染成了褐色。

再往南就到了莫斯科附近，这里的化学反应和科拉半岛的不同。这里的有机物在慢慢氧化，春水中溶解了大量的铝和铁，莫斯科近郊被沙石包围着，蓝色的磷酸盐覆盖在成片的泥炭田上，闪闪发光。

更往南景色开始发生变化，化学反应也在变化，原子加入到反应中去。这里不再是莫斯科的灰色黏土，而是伏尔加河中游的黑土地。强烈的阳光照在地面上，各种化学反应激烈地进行着。

化学反应在伏尔加河的左岸发生了巨变，这里是含盐地带的起始点，越过莫尔达维亚，沿着北高加索山坡，贯穿了整个中亚，最后到达了太平洋沿岸。这里的盐不仅有氯化物，还有溴化物和碘化物。这些盐聚集着无数的三角港和死水湖中，盐中含有钙、钠、钾等金属元素。

再往南就是沙漠了，沙漠向我们展示了另一番景象：绿色的植物零零星星生长着，其中夹杂着大片的盐土，雪白的盐亮晶晶的，阿姆河从中间穿过。原子在发生着新的变化，想要找到平衡的状态。一部分原子聚集在一起形成沙漠，另一部分原子溶解在水中，被带到沙漠各处去，在盐沼地里慢慢沉积。

天山的景色更美，到处都在进行激烈的化学反应，原子在这里的发展变化非常复杂。当我第一次见到天山的某个矿区时，我永远也忘不了映入眼帘的一切。后来，我把当时见到的景象写在了一本书中：

在碎石屑的上面，覆盖着一层鲜蓝色和绿色的铜的化合物的薄膜，有些地方有橄榄色的外皮，这是含钒的物质；有些地方有青色和浅蓝色的外衣，这是铜的含水硅酸盐。

我们的面前有许多铁的化合物，主要是氢氧化物，各种颜色应有尽有：金黄色的赭石，鲜红色的氢氧化物，铁和锰结合成的黑褐色的化合物；鲜红色的水晶像是红宝石，透明的重晶石颜色各异，不仅有黄色、褐色的，还有红色的；红色针状的钒矿覆盖在粉红色的黏土上，这种钒矿是游离的钒酸形成的。

这是一幅色彩鲜明的图画，地球化学家想要弄清楚它的成因。需要注意的是，这一切离不开氧化作用，锰、铁、钒、铜被高度氧化后形成了各种矿物。地球化学家明白，在阳光的强烈照射下，空气处于电离状态，里面的氧气和臭氧可以发生化学反应；在雷雨天时，自然的放电现象使空气中的氮气变成了硝酸。

走出了沙漠，我们来到了四千米的高山，看见的是一片荒野，荒野中有的是冰，而不是沙子。这里没有鲜艳的色彩，也没有原子活动的轨迹，眼前的景色类似于我们在斯匹茨卑尔根群岛看到的景象。随处可见碎石片堆积成的崖锥，洁净的岩石几乎不发生任何化学变化，在这片冰雪世界中，只有极少的地方有盐类和硝石。

这幅景象会让我们想到北极的荒凉，差别只在于这里有时会出现闪电和雷声，给这片死寂的地区带来一点生机。这里也会产生放电现象，放电时会形成硝酸，逐渐沉积成硝石。在智利的亚他喀马沙漠中，聚集了大量的硝石。

顺着箭头往前走，走出了喜马拉雅山，就会看到鲜明的景色。这里不仅有阴雨连绵的温暖气候，也有炎热的干旱时节，地面上总是进行着各种化学反应，流水带走了能够溶解的盐类，剩下的锰、铁、锌等矿石慢慢形成了红色的沉积层。

再往前走就到了孟加拉，这里有血红色的土壤。有时候，大风会把泥土吹到高空去。灼热的太阳照射着碎石屑，发出了耀眼的光芒，像是在石头上镀了一层半金属的漆。少数地方有白色或者粉红色的盐层，点缀在红色的土壤上。

在印度以南，化学反应更加激烈，原子的旅行更加生动。印度洋的海水是碧绿色的，海岸是红色的，海水时而拍打着海岸，火山爆发带出了地下深处的玄武岩。从浅水岸的贝壳、苔藓虫、珊瑚，到深水处的珊瑚礁、石灰岩，到处都在进行着复杂的化学反应。海水中动物死亡后，尸体沉积在海底的淤泥中，慢慢变成了磷酸盐质的纤核磷灰石。河水把硅石冲到这里，放射虫用硅石做成了自己的细壳，有孔虫用钙和钒建造自己的骨架。从北极地带到亚热带，原子的变化就是这么大，原子旅行的范围就是这么广。

为什么北极和南部的景观有这么大的差别？现在我们知道了，这里面有阳光作用、氧化作用、湿气作用、高温作用，再加上有机物的作用，有机物在发展变化的过程中，会需要大量的原子。南部炙热的太阳烤着大量的活细胞残骸，分解出二氧化碳，二氧化碳溶解在水中后，水就变成了弱酸溶液。

在南方，化学反应的速度比北方快得多，按照化学上的基本定律而言，温度升高 10℃，化学反应的速度就会提高一倍。

在北极地区，原子几乎是沉积不动的，而在南方却有着复杂的变化，进行着激烈的反应。我们把前面讲过的内容称为化学地理学，在地球上的各个区域，环境的变化和原子的化学反应有着密切的联系。

在影响地球化学作用的因素中，人的活动造成的影响最大。近几百年，人们的活动大部分集中在中纬度地区，后来才慢慢向北极荒野和南方沙漠发展。人的活动使自然界产生了一些新的化学反应，也破坏了原有的某些作用，使原子以另一种形式去旅行。在确立土壤学的理论时，人们就注意到了化学地理学，土壤学起源于俄国，目的是使土壤变得更加肥沃。

19 世纪 80 年代，"土壤学之父"道库恰耶夫在圣彼得堡大学授课，发表了著名的演说，为土壤学描述了美好的前景，从北极苔原到南方沙漠，他的讲述覆盖了地球上的全部土地。

那时候，还无法用化学语言来描述道库恰耶夫的成就。现在，化学深入到了地质学领域，农业化学家也明白了植物的生长过程，以及土壤中发生的各种化学反应，而地球化学家的研究范围扩展到全球，原子的旅行过程逐渐清晰起来。

历史让我们明白，地球上的面貌是发生过变化的。在近 20 亿年的时间里，地壳变化了好几次，两极的样貌也发生过变化，开始时两极只有山峰，后来慢慢向南延伸，形成了大山脉阿尔卑斯和喜马拉雅。包围着地球的海洋也在变化，逐渐从北往南迁移，改变了原有的地貌和景观。每个地方都发生了翻天覆地的变化，从海变成山，然后从山变成沙漠，最后又变成了海。

由此可知，在漫长的地质史上，化学反应和原子旅行也在发生变化，现在地

阿富汗用砂岩雕成的巴米扬大佛，高大约是 53 米

球表面的岩石和土壤，可以反映原子在不同地质时期所经历的不同命运。

我们知道，一切的物质都是运动的，变化的，不存在绝对静止的东西。在自然界中，原子是最活跃的物质，它不断地寻找新的道路，想要结合成新的物质。原子是最基本的单元，

原子的结合产生了各种化合物，推动了自然界的发展，也维护着自然界的动态平衡。

自然界只存在动态平衡，不会有绝对的静态平衡，以前没有，现在没有，将来也不会有，因为所有的物体都是运动着的……

3.7 活细胞中的各种原子

我们很容易看出来，大部分的煤是由远古时代的植物形成的，某些石灰岩是古代海洋中的软体动物的外壳形成的。

用显微镜观察石灰石、白垩、硅藻土等沉积岩，我们会发现它们是由动物的骨骼紧密聚集成的，这些骨骼非常小，要借助显微镜才能看见。

地质学家早就明白了，地球上的生物影响着地球表面的各种变化。

活物质参加了许多地球上的化学反应，例如，岩石的生成，某些元素的聚集或者分散，水中沉积物的形成，海洋生物的骨骼形成的石灰岩，等等。

不过，海洋生物的骨骼有些是石灰质的，有些是硅石质的。

最重要的是，地球上的动植物在生长过程中，吸收了大量的物质，同时又排出了大量的物质，这些物质好像在它们的身体内走了一遭。

这种作用在低等生物体内特别明显，细菌和水藻是典型的代表，它们繁殖的速度非常快，几分钟就分裂一次。

不过，它们的寿命非常短暂。

科学家发现，细胞分裂时摄取的物质比本身所含的量多得多。

我们知道，植物在进行光合作用时会吸收二氧化碳，放出氧气。其实，氧气不仅可以供给动物呼吸，还可以氧化植物的残骸和岩石。

在植物体内，二氧化碳变成了碳水化合物、蛋白质及其他的物质。试想一下，如果地球上的动植物都死亡了，地球会变成什么样呢？

那时，氧化动植物的残骸需要大量的氧气，如此一来，空气中就没有氧气了，空气的成分就会发生变化。没有了石灰质的海洋生物，就无法生成石灰岩和白垩了，地面上再也没有隆起的白垩岩。这时，地球的样貌会发生巨大的变化。

在地球化学的活动中，生物有着极其重要的作用，可以参与各种复杂的变化。

想要弄清楚生物在地球化学上的作用，就要了解生物的组成成分。生物体从周围的环境中摄取各种物质，构成了自身的物质。

科学家早就知道，水是构成生物体的主要成分，含量高达 80%。植物体内的水分少一些，动物体内多一些。

就重量而言，生物体氧的含量最多。

在生物体的构造上，碳有着极其重要的作用。

碳和氢、氧、氮、硫、磷结合在一起，可以生成上万种化合物，共同构成了生物体内的蛋白质、脂肪、碳水化合物。

生物体内的碳来自二氧化碳，而氮、硫、磷可以生成复杂的有机物。

生物体内一定含有钙，主要位于骨骼中，还有钾、铁等元素。

科学家起初认为，生物体内含量最多的 10～12 种元素，在生物体内有着重要的作用。

后来，科学家发现，在某些生物体内，除了常见的 10～12 种元素，还聚集了大量的铁、锰、钡、锶、钒等元素，甚至是一些稀有元素。

例如，在硅质海绵和硅藻中，硅是主要的物质，它们的骨骼是硅的化合物。

铁菌的体内聚集的是铁元素，其他细菌体内可以聚集锰或者硫。

某些海洋生物的骨骼中，含有的是钡和锶，而不是常见的钙。

海洋中的某些无脊椎被囊类动物，可以把海水和淤泥中含量很低的钒原子聚集在自己体内。这类动物死亡后，钒就会沉积在海底。

海藻可以把海洋中的碘原子聚集起来，而碘在海水中的含量仅仅是亿分之几。海藻死亡后，碘会沉积在海底的淤泥中。后来，淤泥变成了岩石，岩缝中产生了含碘的矿水，也叫做岩层水。当我们勘探岩石时，有时会发现岩层水，可以把里面的碘提取出来。

这些能够把元素集中起来的生物体，在地球化学上有着重要的地位。

随着技术的发展，我们对生物体的研究越来越详细，发现的元素也越来越多，只是新发现的元素在生物体内的含量很低。

开始时，科学家在生物体内偶尔会发现银、铷、镉等元素，认为这些元素是混杂的物质；现在，科学家可以肯定地说，生物体含有所有的化学元素。不过，不同元素在生物体内的含量不同，有些元素的含量非常低，科学家正在想办法把这些元素找出来。

可以确定的是，生物体的成分绝不是周围环境中岩石、水、气体等物质的简单叠加。

例如，土壤和岩石中含有大量的钛、钍、钡等元素，但生物体含有的钛的量非常低，仅仅是土壤含量的几万分之一；碳、磷、钾等元素在生物体内的含量很高，但在土壤和水中的含量非常低。

从地球化学的角度来说，生物体内含有的主要元素，都是生物圈内容易生成流动化合物和气体的元素。确实如此，CO_2、N_2、O_2 这些气体，还有 H_2O 这种液体，都容易被生物体吸收，在生物体内发挥各种作用。碘、钾、钙、磷、硫、硅等元素的化合物，大部分能够溶解在水中。

钛、钡、锆、钍等元素，虽然在土壤和岩石中的含量很高，但它们的化合物难以溶解在水中，因此不容易在生物圈移动。所以，它们难以在生物体内聚集，导致在生物体内的含量很少。

镭和锂这些元素在生物圈的含量本来就很少，所以在生物体内更少，根本不值一提。

在生物体内，有些元素的含量很低，大约是万分之几，甚至更少，这些元素就是我们所说的微量元素。

虽然微量元素的含量很少，但它们的作用非常重要。有些物质在生物体内有着极其重要的作用，这些物质就含有多种微量元素。例如，血液的血红素中含有铁，甲状腺分泌的激素中含有碘，动植物体内的酶素中含有铜、锌。

通过生物体的解剖图，我们可以明白各个组织、器官中含有什么元素。不过，我们要讨论的不是生物体含有的元素，而是生物体在地球化学上的重要作用。

我们要明白，不同的生物体在地球化学上的任务也不同，它们体内的主要元素决定了它们在地球化学上的任务。

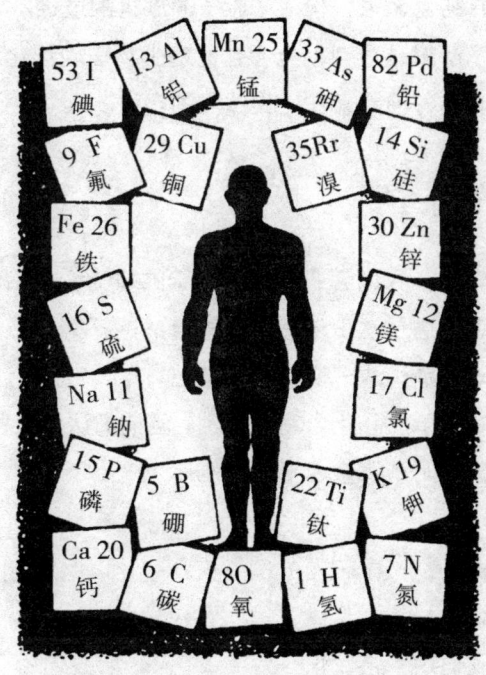

人体中的各种化学元素

"钙质"的生物死亡后，它们的骨骼会变成石灰岩，那么，钙的发展史就与这些生物紧密相连；体内含硅、钒、碘的生物，与这三种元素的发展史分不开。科学家的任务是研究清楚生物对于生物圈中各种元素的作用，要怎样评价这种作用，以及如何利用这种作用。

仔细观察某种植物的特征，找出它体内含量最多的几种元素，然后再寻找含有这些元素的矿石。位于土壤下面的矿石，会污染上面的土壤。被污染的土壤中含有比较多的镍、钴、铜、锌等金属元素，导致当地植物体内这些元素的含量增加。

因此，科学家分析植物的成分后，如果某种元素的含量比较高，就往地下勘探一下，有几个锌矿、镍矿、钼矿就是这样找到的。

无论是动物，还是植物，它们从周围环境中摄取的元素都有一定的限度。如果某一地方的一些元素太多或者太少，就会影响生物体的正常生长，改变生物体原有的形态。在一些山地的土壤中、水中、天然产物中缺少碘元素，这些地区的人和动物就容易患上甲状腺肿；如果动物摄取的钙不足，骨骼就容易折断。

这一切都显示出，动植物和无生物界有着密切的联系。

动植物和无生物界结合起来，构成了原子的旅行的过程。

对原子的发展史了解得越透彻，也会越清楚生物在地球化学上的作用，要想做到这一点，首先要清楚各种元素在生物体内的含量。

3.8 人类史上的各种原子

阅读元素的发现史时，我们会遇到许多新奇的事情。开始时，无意间发现了几种元素，谁也没有想到这是认识自然、了解自然的开端。不知道经过多少人的努力，人们才意识到元素是构成一切物质的基础。

虽然炼金术士不知道单质和化合物的区别，但他们认识某些金属，也知道砷、锑这类物质。下面的诗说明了炼金术士的才能：

七种金属创造了世界，
和七颗行星相辉映。
感谢宇宙送给了我们铜、铁、银，

还有金属锡、铅、金。
儿子，硫是你们的父亲，
你们还应该明白：
汞是你们的亲生母亲！

——莫洛佑夫译

后来，炼金术士和一个时期内的化学家，都用行星的名字来称呼这七种金属：金的名字是太阳，银的名字是月亮，汞的名字是水星，铜的名字是金星，铁的名字是火星，锡的名字是木星，铅的名字是土星。炼金术士认为砷和锑不是金属，虽然它们受热时会氧化、升华。

不过，炼金术士常常用一些难以理解的话，来说明自己的处方，给人一种神秘感。

例如，炼金术士所说的"哲人手"，在手掌上的是鱼——汞的符号，还有火——硫的符号。鱼在火里面，表示汞在硫里面，这就是炼金术士所说的所有物质的来源。

用行星表示的七种金属

这些元素的化合物衍生了五种盐，就像是手掌上的五根手指，把盐的符号画在手指上：王冠和月亮代表的是硝石，六星代表的是绿矾，太阳代表的是硇砂，提灯代表的是明矾，钥匙代表的是食盐。

现在，我们明白了炼金术士的话，如果他说："把国王煮沸"，表示的是硝石；"长手指一磅放到曲颈瓶中"，表示的是硇砂……

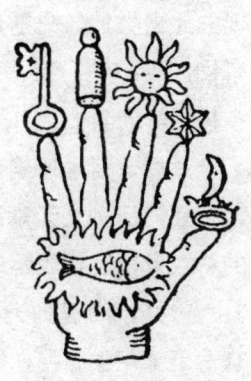
哲人手

炼金术士知道每一种金属都有自己的"灰"（指的是金属的氧化物），用酸和金属反应可以得到对应的"灰"。不过，炼金术士认为"灰"是单质，金属是"灰"和"燃素"化合成的物质。"燃素"指的是容易飞散的火质。

罗蒙诺索夫和拉瓦锡却不这样认为，他们觉得事实正好相反："汞灰"是化合物，是汞和普利斯特里刚刚发现的氧气化合而成的，而且，"汞灰"的重量等

于汞和氧气的重量之和。1763 年，氧气的发现代表了现代化学的开始，粉碎了炼金术士的幻想，这种幻想阻碍了科学的发展。

那时，已经知道了几十种元素：1669 年，布兰德发现了磷元素；18 世纪中期，发现了镍和钴，还可以从"锌灰"中提取金属锌；1748 年，安多尼奥·乌洛阿在美洲发现了金属铂。

直到 18 世纪后期，人们才开始研究单质。1774 年，发现了氧气和氯气；10 年后，卡汾狄士电解水发现了氢气，知道了水的成分。

以后，开始有规律地寻找新的元素，研究自然界中的新物质。就这样，找到了许多新元素，例如，锰、钼、钨、铀、锆等。

1808 年，戴维完善了最初的电解方法，不仅增加了电流的强度，还把电解得到的物质保存在煤油或者矿物油中，防止再次被氧化。如此一来，得到了比较纯净的碱金属，发现了钠、钾、钙、镁、钡、锶。

在 1804 到 1818 的 14 年中，发展了 14 种元素。后来，找到了溴、铝、钍、钒、钌。这时，老方法已经不管用了，只能寻找新的方法来发现新的元素。

1859 年，找到了光谱分析法，陆续发现了几种新元素。这些新元素和早期发现的元素类似，先前使用过的分析方法分不清它们的区别。利用光谱发现的元素有铷、铯、铊、铟、铒等。1868 年，门捷列夫周期表问世，当时已经知道了 60 多种化学元素。

此后，科学家确定了地球上还有哪些未发现的元素。

在门捷列夫元素周期表中，每一种元素占一个小格，方格的数量代表了元素的总数量，空格表示的是未发现的元素。

曾经，门捷列夫预言了三种元素，并起了名字：第 21 号元素"类硼"，第 31 号元素"类铝"，第 32 号元素"类硅"。而且，预言了它们的物理、化学性质。后来，果然发现了这三种元素，证明了门捷列夫预言的正确性。"类硼"元素叫做钪，"类铝"元素叫做镓，"类硅"元素叫做锗。

大家不要以为哪种元素在地壳中的含量多就发现得早，稀有元素就发现得晚。其实，元素的发现顺序绝不是这样的。例如，在地壳中，金、铜、锡三种金属元素的含量非常低，但它们是最早发现的一些元素。铜在地壳中的含量大约是百分之几，锡的含量是百万分之几，金的含量仅仅是亿分之几。

可是，地壳中分布比较广的几种元素，发现得很晚。例如铝，它在地壳中的含量大约是 7.4%，在 20 世纪初期，人们还把铝当作稀有元素。

金属发现的早晚在于，金属是否容易生成单质，是否容易聚集在一起形成矿床。

大量聚集在一起的金属，人们比较容易发现，容易用在工业上。

发现新元素后，先要在实验室中研究它的化学性质，了解元素的基本特征。然后，化学家再寻找它独有的性质，与其他元素不同的特征。

例如，锂的比重是 0.53，可以漂浮在汽油上面；锇的比重是 22.5，比锂重 40 多倍；镓在 30℃ 就可以熔化，但沸点很高，大约是 2 300℃，比工业上的使用的高温高得多。这些是不是很稀奇？想不想知道里面的奥秘？下面，我们来详细解说。

首先说一下镓。化学家在实验室测量高温时，先要确定实验物质能够承受的最高温度。这时，问题出现了：360℃ 以下的温度比较容易测量，因为汞的沸点是 360℃，如果温度高于 360℃，汞温度计就不能使用了，需要用到镓。如果玻璃管用难以熔化的石英玻璃制作，里面装着熔化的镓，这样的温度计可以测量 1 700℃ 的高温；如果玻璃管的熔点很高，还可以测量 2 000℃ 的高温。

接下来谈一下重量。重量也就是重力，对地球产生压迫的力。重量会阻碍物体的运动，使物体上升的速度减慢。人想要走得快一些，想要像小鸟一样在空中飞行，那么，就必须解决重量的影响。于是，我们设法制造又轻又结实的机器，努力寻找轻便的材料。不久后，发现了两种比较适合的金属：铝和镁，它们的比重分别是 2.7 和 1.74。

现代飞机上的大部分零件是铝制品，更确切地说，是铝、铜、锌、镁等金属的合金制成的。不过，铝在飞机上的主导地位不是一蹴而就的，而是经过了长期的斗争，改良了强度、硬度、弹性、耐火等性质才实现的。开始时，金属铝用在了生活上，厨房中的锅子、杯子、匙，都是铝制品。当时，铝并没有用在工业上，因为它的硬度小，难以熔化，也不能用来焊接，什么地方能用到它呢？直到制造出了硬铝，人们才开始注意铝在工业上的用途。硬铝是坚硬的合金，是冶金学家发现的：坩埚放着铝，依次放入不同的金属，然后把生成的合金取出来，测量每种合金的强度、性质。

当时，冶金学家怎么也想不清楚，为什么 4% 的铜、0.5% 的镁，再加上少量的其他金属，可以使柔软的铝变得坚硬无比，而且还可以锻炼。硬铝的硬度是慢慢形成的，把硬铝锻炼之后，接下来的几天它是柔软的，仿佛在积蓄力量使自己变得坚硬。现在，有了比硬铝更好的合金，苏联制造的铝环的硬度更大。

在工业上，硬铝等合金主要用在交通工具上。用铝代替钢铁来制造火车或者电车的车身，重量会减轻三分之一，消耗的燃料也会相应地减少。在用钢铁制造的电车上，每个客座的实重大约是 400 千克；而用铝制造的电车，每个客座的实重仅仅是 280 千克。

镁的发展史和铝的类似，一开始不被重视，后来才发现它的重要用途。自从戴维发现了镁，在接下来的 100 多年里，人们一直认为镁是没有用的金属，只能制作成镁带或者镁粉，在放烟火时使用。到了 20 世纪，才发现这种没用的金属，有许多奇特的性质，可以用在多个工业部门。

铝带着人类飞上了天空，但人们想飞得更高，为了实现这个愿望，制造飞机的材料就要轻一些。如果制造飞机的合金轻 20%，那么，飞机就能飞得更高一些。不过，是不是有比铝更轻的金属呢？

这时，我们就想到了镁。镁的比重是 1.74，大约比铝轻三分之一。但是，制造机件的金属硬度要高，而且不容易被氧化，而镁不具备这些性质：镁很容易和氧气化合，生成白色的氧化镁。在空气中，镁燃烧得比木柴还好。不过，工程师和化学家没有放弃，他们想到合金可以改变金属的某些性质。果然，把少量的钢、铝、锌掺加到镁中，制出的合金和硬铝一样硬。镁的含量超过 40% 的合金叫做"琥珀金"，里面含有少量的铝、锌、锰、铜。

此后，镁在飞机上的应用越来越多，地位越来越稳固。尤其在制造飞机发动机的时候会用到，镁的合金制造的零件经久耐用，非常坚固，且不容易疲劳。

金属也会像人一样"疲劳"吗？答案是会。弹簧不断地伸缩，慢慢会失去弹性，变脆甚至会折断，这就是所谓的疲劳了。另外，发动机的轴使用的时间长了，也是会断的。不过，技术家发现某些合金经久耐用，不会疲劳，内部的各种原子紧紧挨在一起，虽然受到敲打，各种原子的位置不会发生变化，镁的合金就是这样。当然，镁不仅可以用在飞机制造业上，还可以用在汽车制造业上。用镁的合金制成的零件非常坚固，而且轻便，重量是钢铁的五分之一，强度却比钢铁大。

镁在地球上的分布非常广泛，到处可以见到。它和铁类似，也是大量地聚集在一起，所以开采并不困难。海水或者盐水湖中，镁的含量比较多，例如，克里木的锡瓦什湖就很多。

镁的矿石是光卤石，里面含有氯化钾和氯化镁，苏联有很多这种矿石。在苏联的索利卡姆斯克，地下 100～200 米处都是光卤石矿层。用炸药炸开矿石，然后用风镐击碎，最后运送到地面上。

运到地面上之后，还要费很大的劲才能把镁和氯分开，因为它们结合得非常紧密。把光卤石熔化后，把电流通到熔融物中，电流会打破镁和氯的结合，于是，金属镁就流到特制的槽中去了。

现在，还可以把海水中的镁提取出来，海水中的含盐量大约是 3.5%，这里面有十分之一的镁。由此可知，一立方米的海水中镁的质量大约是 3.5 千克。

下面，我们来说一下从海水中提取镁的过程：把海水过滤后放到桶内，然后往桶里放消石灰，这时会生成氢氧化镁，海水变得浑浊起来。等到浑浊沉淀在水底，把水倒掉，接着把沉淀物放在过滤器中压干，然后用盐酸来中和，这样就得到了氯化镁溶液，水分蒸发掉之后就是固体氯化镁了。在 700℃ 的高温下，固体氯化镁会熔化成液体，电解后就可以得到金属镁。

镁不但可以制造成合金，还可以燃烧，产生 3500℃ 的高温，这是不容忽视的一点。镁是特种青铜的重要原料，镁和铝混合在一起可以制造燃烧弹。在工业上，镁的前途无可限量。

在飞机制造业上，有一种金属刚刚发挥作用，这就是铍，它的比重只有 1.85。

用铍制造的合金，是截至目前为止最好的合金，制造成工具使用时，不会发出声音，更不会出现火花。

在镁的合金中加入少量的铍，可以增加使用寿命，抗氧化能力也会加强。提炼金属镁时，添加微量的铍可以防止镁的氧化。

这时，大家会想到这样的问题：有没有更轻的合金？

这就要说到锂了，锂的比重是 0.53，就像木头一样轻。在镁的合金或者铝的合金中，加入一点点锂，可以大大提高合金的硬度。

不过，现在还没有制造出含锂比较多的合金，但科学家正在想办法制造这样的合金。在地壳中，锂的含量不算少，和金属锌的含量差不多，某些锂矿中含有大量的锂，可以生成锂辉石和锂云母。

如果能够制造出锂和铍的合金，那么，可以多开采一些锂。不过，现在科学家的任务是，研制出关于锂的合金。

矿水中也含有锂元素，锂的含量比较高的水可以用来治病，法国维希就有这样的矿水。但是，锂的合金对人的吸引力比较大，不仅轻巧坚固，还具有很强的抗氧化能力。

虽然轻金属和轻金属的合金在工业上的应用越来越广泛，但还是无法代替最初的金属铁、钢和它们的合金。现在，我们来说说这些元老级的金属，它们虽然比较老，但还是充满了活力，不断制造性能更加优良的合金。

这些合金是由一些性质相似的金属冶炼成的，它们是铁、钛、镍、钴、铬、钒、锰、钼、钨。这些合金大部分是"钢"，也就是含有碳的铁，加入不同的稀有金属后，钢的性质就会发生变化，于是产生了各种各样的合金。

如果把合金中的铁元素彻底去掉，那么，就不是铁的合金了。例如，在斯大林合金中，只有钨、铬、钴三种金属，所以不是铁的合金。斯大林合金的硬度比较高，是现代高硬度合金的鼻祖。在工业上，常常用这类合金来切割金属，切割的速度一直在提高，从最初的每分钟 70～80 米到现在的几百米。

用钨制造了几种高硬度的合金，大大提高了切割速度。用钨和钼能够制造出各种各样的钢，例如，耐热钢、装甲钢、弹簧钢、炮弹钢、穿甲钢等。

随着对钨和钼等稀有金属了解的加深，各种工业部门也在发生巨大的变化。

现在，"稀有金属"这个词已经不正确了。在地壳中，钼的含量是铅的两倍，钨是铅的七倍，它们稀少吗？而且，它们在工业上的应用越来越广泛，开采量也在不断增加，快要追上普通金属了。

钼钢可以制造炮筒、炮架，锰钢主要制造装甲、穿甲炮弹。

如果金属要用来制造汽车，必须要符合三个基本要求：最好的弹性；特别强的韧性；能够承受长时间的振动和撞击。近几年，工业上对钼的需求逐渐增多，因为在制造轴、连杆、轴承、飞机发动机、管子等物件时都会用到钼，主要是和铬、镍配合使用。

钼还可以用来铸造极其优良的灰铁。在灰铁中加入 0.25% 的钼，可以大大增强它的物理性质，提高弯曲程度、抗张强度、硬度。

钨和钼制成细丝后，可以用在电子工业的真空管中。我们知道，钨还可以用来制作白炽灯的灯丝。钨的熔点很高，大约是 3 350℃，比任何金属的熔点都高。

就熔点这方面而言,只有碳的熔点比钨高,大约是 3 500 ℃。另外,钽和铼的熔点和钨相近,分别是 3 030 ℃和 3 160 ℃。钼的熔点是 2 600 ℃,它可以用来制作钩住白炽灯灯丝的小细钩子。

在发现元素后,还要研究元素的物理性质和化学性质,找到它在工业上的用途,这才是寻找元素的主要目的,为人类的发展进步贡献力量。例如,汽车发动机中的接触子是用小钨片制成的,这种钨片的厚度只有十分之一毫米,但寿命很长,使用几百个小时也不会被烧坏。

铌也是一个类似的例子。铌常常和钽混在一起,开始时人们认为铌毫无用途,反而降低了钽的纯度。后来,人们慢慢地发现,在钢里面加上铌之后,钢就变成了焊接钢制品的重要材料,而且焊接的地方牢固无比。此后,铌和钽同样重要了。

越来越多的元素被用到工业上,但不是所有的元素都用到了,将来的某一天也许会用到其他的元素,因为技术在不断进步,而且这种进步永无止境。在这方面上,化学家和地球化学家发挥着重要的作用。

在地球上,我们可以找到促进工业进步的所有元素,反之,工业的发展对地球产生了什么影响呢?人们总是想把地壳挖开,把对人类有用的元素取走,从来不去想取走的物质不会再回来,地球上的资源是否有耗尽的一天?

我们了解了人类的发展史,自然而然就会想到这个问题。我们从地下开采出来的矿物越来越多,这也促使我们去注意这个问题。

这时,我不由自主地想到一个工程师的故事。工程师住在菱镁矿大山附近的一栋小房子中,一个月后,大矿山不见了,矿石被运送到了水泥工厂中。

从钢铁厂扔出的矿渣不计其数,这表明人类的活动也在改变着地壳的结构。

在所有的元素中,碳的命运是化学工业上的重要问题,人的作用不可忽视。自然界中的碳具有三种形态:活物质;聚集在地壳中的煤和石油;碳的氧化物二氧化碳。我们知道,大气、河水、海洋中都含有二氧化碳,但含二氧化碳最多的是石灰石,它是二氧化碳和钙的化合物。

空气中二氧化碳的含量大约是 2 亿万吨,其中碳的含量大约是 6 000 亿吨。人们每年会开采出 10 亿吨的煤、2 亿吨的石油,燃烧煤和石油时会把碳转化成二氧化碳。这样一来,每年又会产生 30 亿吨的二氧化碳。由于海水能够溶解二氧化碳,植物也可以分解二氧化碳,所以空气中二氧化碳的含量可以保持动

态平衡。

人们燃烧煤，把煤中的碳释放到空气中，不再以固态的形式存放在地壳中。因为人类利用煤的规模很大，所以对地壳造成的影响和地质变革相似。

人类也在干预金属的命运，有 10 多亿吨的铁掌握在人们手中，由于铁的性质比较活泼，铁在不断地被氧化。

在同一时期，冶炼出来的铁和被氧化的铁的数量差不多，导致聚集的铁和失去的类似。

金的情况好一些，每年会开采出 600 多吨的金子，用来当作试剂、镀其他金属及损耗的大约是一吨，比起开采量少得多。

铅、锡、锌这些金属在地壳中的矿床本来就不多，开采出来后，在使用的过程中把它们分散开了。

人类在工农业的活动规模，可以和自然界的作用相媲美。

地球的最上层是耕地土壤，用来满足人们在农业上的需求，这对地球化学有着重要的影响，因为每年有 3 000 多立方千米的土壤会遭受空气和水的作用。

农作物可以把土壤中的矿物质带走，磷酐的损失量大约是 1 000 万吨，氮和钾的损失量是 3 000 万吨，比土壤中施用这三种肥料的量要大得多。植物把这些物质带到了动物界，最后散失在自然界中。

总而言之，人在工农业上的活动把物质分散开。人们每年要开采一立方千米的矿石，如果再加上建造堤坝和灌溉渠的数量，大约是两三立方千米。

即使炼金炉中产生的矿渣也有一立方千米吧，人类在地球上制造了多少废物啊！

把这些数字和河流从地面上带走的物质 15 立方千米相比较，可以看出人的作用和河流的作用相类似。

再说一下建筑业，每年要消耗大量的石头和水泥。苏联在建设社会主义时期，每年要消耗 10 多亿吨的建筑材料。

人改造自然的速度越来越快，虽然各种金属在地球上的储量不少，短时期不会枯竭。不过，这些储量并不是都能够利用，只有聚集得比较多的金属才能够用在工业上，而金属大量聚集的情况很少见。

按照已知的储量来说，有些金属只能维持工业上的基本需求。所以地质学家和地球化学家一定要加快脚步，寻找到更多的金属满足工业上日益增加的需求。

苏联的科学家越重视这些问题，就越快能够找到更多的金属，促进苏联工农业的快速发展。

3.9 战争中的各种原子

现在战争的特点是：交战的国家把全部的经济力量投入到战争中，第一次世界大战期间就表现出了这个特点。炸药、钢铁、铜、硝石、甲苯、石油、黑色金属等原料增强了军队的战斗力，对军事行动产生了重要的影响。

1916 年，凡尔登战役持续了好几个月，消耗了无数的原料。德国军队投入了 100 多万吨的钢铁来进攻凡尔登的要塞，把战场变成了钢铁矿，但没有攻占下来。

此后，战争中使用的原料越来越多。

1917 年，德国军队挖战壕进行阵地战，对水泥的需求量大增，几乎是德国水泥全年度的使用量。

第一次世界大战期间，交战的国家使用了大量的氮的化合物和硫酸来制造炸药，对碘的需求量也大增，超过了当时欧洲的生产能力。战争的情况极不稳定，时而对这方有利，时而对那方有利。

1917 年年底，法国国内钢铁的储存量只够使用一个星期，炸药几乎没有剩余。英国的煤和粮食产生了恐慌：德国的潜水艇把英国的商船队击沉了，成千上万的人受到饥饿的威胁，粮食的储量只能使用几个星期。

不过，德国的原料消耗得更快，有色金属的来源断了，只能在战场搜集金属碎片，远远不够用。

由于德国原料的匮乏，导致战败的命运不断靠近它。1918 年 3 月，德国发起突击，攻破了协约国的西部防线，占领亚眠后打开了通向巴黎的道路，距离巴黎只有 120 千米而已。这时，德国的军队已经疲惫不堪了，缺少橡胶和石油，破旧的胶皮轮子无法担任风暴中的运输任务，粮食和弹药的供应中断，导致德国的军队无法前进。德国的资源决定了德国的命运，它的物质力量枯竭了，所以战败了。第一次世界大战告诉我们，资源决定了胜负。

由此可知，大规模的储存原料是国家的重大问题，尤其对交战国家而言，很多国家在第二次世界大战之前就明白了。很多人在这方面下工夫研究，我们翻开文献就可以看到新奇、复杂的内容，设计的范围很广，有经济、技术、地质、冶金等。

战争上使用的原料很多，有20多种：铁、铝、镁、锌、铜、铅、锰、铬、镍、砷、锑、汞、硼、钼、钨、石油、煤、橡胶、氮、硫、黄铁矿、石墨、钾、碘、磷酸盐、石棉、云母，还有铀。

在第二次世界大战之前，许多国家开始动手争夺原材料。美国发展自己需要的金属产业，德国正好相反，把资源留着不动，当作自己的地下资产。例如，德国不再开采国内的黄铁矿，留着战争时制造炸药，而是从西班牙开采黄铁矿，然后运到国内来使用。

德国在开采铁矿上制定了不少办法，但并没有动手去开采铁矿。在二战的前五年中，德国动用了全部货币基金从国外购买原料，锰矿的输入量是10年前的五倍，还购买了许多钨和钼，以及石油产物。在石油上，德国投入了大量的金钱。第一次世界大战结束后，由于英美资金的支援，德国的军事工业恢复得很快。

后来，德国不断地抢夺同盟国和邻国的原料市场，尽全力控制各种原料的来源，避免重蹈第一次世界大战中的覆辙。德国具体是怎么做的呢，我们来看下面的例子。第一次世界大战之后，德国得到了南斯拉夫博尔的铜矿，控制了这个矿脉后，还把工程师派去。德国有了这个矿山，预计战争时铜的供应量会增加一倍，一年大约会增加5万吨。但是，战争期间工人破坏了这个矿山，坚决不让法西斯德国得到铜矿。

军队对于原料的需求量是多少呢？我们可以通过计算来确定。例如，现代化的军队300个机械化和摩托化的师大约有六七百万人，战争一年需要3 000万吨的钢铁，25 000万吨的煤，2 500万吨的石油和汽油，100万吨的水泥，200万吨的锰，2万吨的镍，1万吨的钨，还有其他的各种原料。

大家想一下，这些庞大的数字代表着多少资源呢？如果要提炼出3 000万吨的钢铁，至少需要6 000多万吨的矿石，要挖空好几个大铁矿才能满足。

2 500万吨的石油也是一个大数目，实际的使用量还要更多，因为前方和后方、空军和海军都要消耗大量的石油产物。罗马尼亚的石油产量达到过800万吨，伊朗每年出产的石油大约是 1 000 多万吨。

除了这些原料，战争中还会使用其他的物质，例如橡胶、有色金属、云母、石棉、建筑木材、硫酸等。

战争大规模使用原料不但改变了金属的分布状况，还扩大了物质的种类，让大部分物质参与到战斗中去。人们重新评估了在战争中有着重要意义的原料，出现了千百种新合成的合金、化合物。

中世纪时期，骑士身上穿的锁子甲是铁质的，不久前钢铁还是制造武器的唯一原料，但现在情况改变了，战场上出现了新的元素和各种化合物，还有各种稀

军事上的各种化学元素

有的金属，最主要的是具有"黑色金子"之称的石油。

这些原料成了战争胜负的关键因素。

下面，我们从化学角度来谈谈现在的战争。坦克部队进入了战场，装甲钢的优良程度对战争的胜负有着重要的影响。铬、镍、锰、钼等金属可以使装甲钢变得坚固；轴、齿轮、履带是坦克的重要组成部分，这里面有钒、钨、钼、铌等金属；铬和铅的颜料是坦克的保护色；坦克上安装了硼玻璃和碘化物特制的起偏振玻璃，使坦克手可以看清楚敌方的情况，而不必担心敌方探照灯的照射。坦克上还有比较次要的部件，这些部件是用硬铝和硅铝敏（硅和铝的一种合金）制成的。

优质的汽油、煤油、轻石油是坦克的重要的燃料，就连从石油中提炼出来的润滑油也有着重要的作用。另外，溴的化合物更能够使燃料充分燃烧，降低发动机的噪音。

装甲车的构造中包含了30多种化学元素，它使用的武器中含有的化学元素更多：榴霰弹和榴弹中会用到锑和硫化锑；炮弹、炸弹、枪弹、机枪子弹中含有铅、锡、铜、铝、镍等元素；爆炸时用到的钢要非常脆；配制炸药的原料也很特殊，是从石油和煤中提炼出来的，具有极强的威力。

装甲车和坦克部队进行战斗时，上万吨的金属和其他的物质参与其中，指挥员、坦克手、装甲车手操控着各种各样的化学反应，这些反应可以产生强大的破坏力，导致作用在单位面积上的力高达好几百吨。

有时候，巨大的波浪可以摧毁整个村镇，这时每平方米上的最大压力也就是15吨而已，和炸弹爆炸产生的空气波压力相比，那是微不足道的。如果装甲非常结实，汽油的辛烷值比较高，炸弹的破坏力就强。

现在，我们来分析一下夜袭大都市的情况。

在秋天的夜晚，轰炸机和驱逐机在空中飞行，某些铝飞机是用硬铝和硅铝敏的合金制成的，重量只有几吨。铝飞机的后面是重型飞机，机身使用的是含有镍、铬的钢铁，焊接处使用的是优质的铌钢，发动机的重要部件是由含铍的青铜制成的，其他部件使用的是琥珀金（镁、银、锌、铝的合金）。油箱中的燃料是最好的轻石油，或者是最纯的汽油——辛烷值最高，保证了飞机的飞行速度。

飞行员坐在驾驶座上，面前是一张地图，地图上有一层特制的硼玻璃。仪表的指针上含有钍和镭等荧光物质，不停地发出淡绿色的光芒；机身的下面用杠杆吊着炸弹和燃烧弹，很容易把它们扔下去，制造炸弹的金属很容易爆炸，雷管中装的是雷汞，燃烧弹中的粉末是由铝、镁、氧化铁组成的。

发动机的运转速度时快时慢，螺旋桨和发动机发出轰隆隆的响声，敌机利用降落伞把照明弹投下。

我们看见照明弹缓缓下降，首先出现的是红黄色的火焰，这是燃烧碳、氯酸钾、钙盐发出的光芒；后来，火光变得稳定、明亮，颜色变成了白色，这时燃烧的是镁粉。这里的镁粉和我们照相机中的相同，只是在镁粉中加入了少量的钡盐，燃烧时会出现浅绿色的光芒。

城市中的防御工作也做得非常到位，无数的防空气球飘荡着空中，里面装满了氢气，用来抵御敌机的俯冲轰炸。在关键的地方，气球中装的是氦气，而不再是氢气。听音哨兵用声波测远器探测敌机的情况，即使隔着厚厚的云层也可以探测出敌机的具体位置，然后用自动化的装置对着敌机发出红黄色的闪光，这些光一下闪亮，一下熄灭，这种效果是由无数发光的物质形成的，其中钙盐有着重要的作用。

几十个探照灯的白光照亮了夜空，金、钯、银、铟四种金属把白光反射到机身上，笼罩了敌机。探照灯的炭里面加入了稀有金属的盐类，主要是指稀土金属的盐。英国的科学家在灯泡中加入钍、锆等金属的盐，大大提高了探照灯的强度，可以穿透厚厚的雾。

敌机降落伞下面吊着的照明弹的火光熄灭后，就会出现烟幕。敌机在被照明的空中绕着"8"字盘旋，确定了轰炸目标后，特制的炮弹中就会放出钛盐或者锡盐形成的烟幕，把俯冲范围指给轰炸机。

这时，城市的守军会对着敌军发出无数颗曳光弹，不仅有红色的，还有红黄色的，这些鲜艳的颜色干扰了敌机对情况的判断。在钙盐和镁盐的亮光中，敌机的飞行员无法辨别方向，再加上探照灯的照射，扔出的炸弹会产生偏差。他扔下几百颗燃烧弹，燃烧弹的外壳是用铝制造的，壳的里面包的是铝粉和镁粉，还有特制的氧化剂，燃烧弹的一头安装着雷管，雷管中装的是雷汞，有时候会在燃烧弹中添加沥青或者石油等物质，用来提高燃烧的速度。按一下杠杆，吊着的炸弹就会落下去，爆炸时产生的破坏力比穿甲炮弹的威力还大。

城市中监视敌机的高射炮开始发射，榴霰弹和高射炮弹向着敌机飞去。钢、锑和炸弹发生化学反应，产生了强大的破坏力量。这就是我们所说的爆炸，发生的时间只有千分之几秒，却可以产生强烈的震动，以及难以估计的破坏。

瞧，高射炮弹打中目标了！敌机的翅膀被打落，一起落下来的还有剩余的炸弹。油箱发生了爆炸，点燃了没有使用的炸弹，顿时把几吨重的轰炸机炸成了碎片。

报纸上刊登着这样的话："击落了一架法西斯的飞机。"

化学上的术语要这样说："激烈的化学反应停止了，恢复了原有的化学平衡。"

我们的说法是："对于法西斯的技术和有生力量是一次沉重的打击。"

在这次空战中，有将近50种元素参与其中，占了化学元素周期表中的一半。

上面的内容是从化学方面描述的，但战争的涉及面很广，不仅仅在战场上进行，还把前线和后方连在一起，让工业部门为军事战争服务。硫酸工厂是制造炸药的主要部门。以前，德国在莱茵河的威斯特伐里亚州建造了许多硫酸工厂，在和波兰的分界线上也有多个硫酸工厂。

在建造硫酸工厂时，一定要使用耐酸的建筑物，用铅或者是铌的合金来制造。耐酸的砖，纯净的石英原料，钒族金属或者铂族金属制成的催化剂，这些仅仅是化学工业上的一小部分，没有这些物质就没有硫酸工厂，而硫酸工业是化学工业上的中流砥柱，硫酸工厂不仅可以制造炸药，还可以从废弃物中提炼光电管使用的硒，以及铜和金。

制造炮弹的工厂也很重要。加工钢铁时要使用钨钢或者钼钢制成的硬质工具，打磨炮弹的重要部件时要使用最好的金刚石和刚玉粉、最细的锡粉、最纯净的铬粉或者铁粉。另外，炮弹上还会用到镍、铜、青铜、铝合金等物质。

炮弹制造好后，就要进入化学装备的阶段：准备好可以产生爆炸的化学原料，然后把这些原料装在炮弹中。工作还没有结束，还要把炮弹、炸弹、地雷的弹壳加工精确，把地雷的撞针或者定时信管安装准确，这需要消耗多少种物质啊！

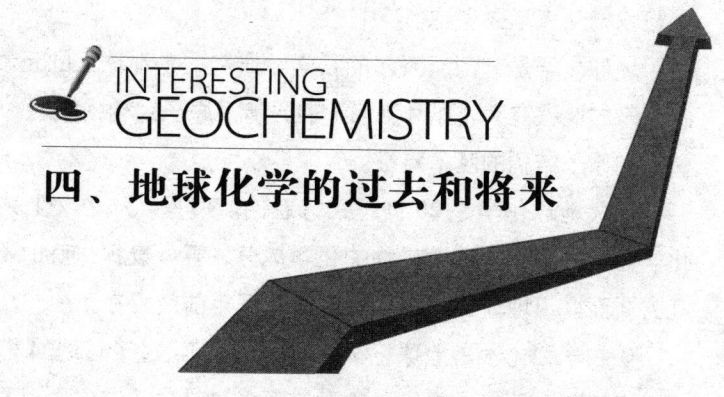

四、地球化学的过去和将来

4.1 地球化学的思想断片

现在，已经发现了全部的化学元素，对元素的基本性质也有了初步的了解，但我们不要认为这一切来得很容易，认为研究元素性质的化学是自然而然兴起的，没有经过探索和斗争，也没有经过长期的努力和奋斗。

朋友们，实际情况不是这样的。科学的过去使我们明白，千百年来，无数的人在追求真理的道路上挣扎，他们走过弯路，但他们从来不会放弃，他们在老式的实验室里进行着研究工作，唯一的目标是打倒愚昧，了解自然中的一切。

但是，要了解自然不是一件容易的事情，也不是一下子就可以办到的。

有一次，我们站在科拉半岛的武德亚乌尔湖沿岸，前面是一座城市，无数的汽车在通往城市的公路上奔跑着。这使我想到了 10 年前的景象，那时候这里是一片苔原，充斥着荒凉和寒冷，就是没有生命的迹象。

现在，看到这座人口稠密的城市，看到笔直的公路，看到公路上奔跑着的汽车，有谁会想到 10 年前这里是荒无人烟的苔原。几年前，勘探人员在荒芜的土地上寻找着矿石，为了挖掘苔原下的矿藏，他们花费了多少心血，克服了多少困难，花费了多少精力啊！

科学也是如此：我们研究现代科学上的成就，从这些成就展望美好的未来，我们兴致勃勃，至于前人经过了多少牺牲和困苦才扫除了愚昧，取得了今天的成就，我们从来不去考虑。

地球化学是一门新兴起的科学，研究的是地球上的元素史。这门科学在很久的将来才能够完善，那时我们不但弄清了原子结构的概念，还会穿透原子的结构，认识到原子结构的基本特征。

现代地球化学是20世纪初兴起的。但是，从广义上来说，地球化学会研究化学元素的概念，探索矿物的化学成分，寻找勘探矿脉时需要注意的事情，就这几方面而言，地球化学的思想在三四百年前就存在了。

矿物学和化学是地球化学的基础，它们经过了长期的发展才有了今天的成就。

在史前时期，人类为了生存进行各种斗争，在这个过程中，他们学会了寻找石头，然后把石头制作成武器和生产工具。从此之后，人们对美丽的宝石有了深刻的印象。

发展到比较高级的阶段，人们开始思考这个问题：地球是什么东西呢？它是怎么来的呢？于是，关于宇宙的传说出现了，也就是所谓的天体演化学，慢慢地正确的言论代替了这种传说。古时候，地中海沿岸的文化很繁荣，德谟克利特、亚里士多德、卢克莱修是当时著名的思想家，他们的见解非常先进。

亚里士多德（公元前384~前322年）不仅是著名的哲学家，也是杰出的自然研究者，他认为大地是球形的：宇宙是一个非常大的球形，而地球的质量最重，所以它位于宇宙的中心；地球被水包围着，水的外面是空气，形成了地圈。亚里士多德认为火是最轻的元素，其次是太空。他认为地球、空气、水、火、太空是五种不同的元素，它们的性质各不相同。虽然亚里士多德的许多观点是错误的，但他促进了自然科学的发展。马克思认为，亚里士多德是古代伟大的思想家，他的著作中包含了当时的全部自然科学。

亚里士多德的学生泰奥弗拉斯托斯（公元前371~前286年）首次记载了当时知道的矿物，还根据这些矿物的性质进行了分

亚里士多德是古希腊哲学家，也是西方哲学的奠基人

类。我们可以说，泰奥弗拉斯托斯是矿物学的创始人，同时也是土壤学和植物学的创始人。

公元 1 世纪，一部有深远意义的著作产生了，这是罗马的自然研究者老普林尼创作的，他死于公元 79 年的维苏威火山爆发。在这部著作中，除了记载幻想传说，还有关于矿物的可靠知识，有些矿物的名称沿用到今天。

从中世纪开始，欧洲停止了自然科学的发展。这个时期，自然科学和化学主要是在东方发展的。

9 世纪到 10 世纪，阿拉伯的思想家有着独特的见解，他们在文章中说自然界中的某些金属是共生的。例如，路卡·本·西拉比昂在著作《岩石录》中写道："自然界中的岩石，有的聚在一起，有的相互躲避；有的可以变成其他的岩石，有的可以给其他的岩石染色。"

显而易见，寻找矿石、加工矿石、提炼金属这些事情推动着人们去探索化学元素的奥秘，寻找化学元素共生的条件。结果，就可以知道哪些物质相互靠近，哪些物质远远分离，这样就得到了最初的地球化学定律，这些定律在今天依然有着重要的意义。

哲学家阿维森纳（980~1037 年）出生于布哈拉，他写过很多重要的著作，在描写矿物时把矿物分成了四类：石头和土；可燃的化合物和硫化物；盐类；金属。

著名的学者阿尔·比鲁厄(973~1048 年）出生于花刺子模，他用阿拉伯语写了名著《贵重矿物鉴定录》，这本书中包含了当时矿物学的全部资料。

9 世纪，用阿拉伯语写的关于炼金术的书，在化学的发展史上有着重要的作用，这些书首次阐述了化学研究的方法。

炼金术士的工作是合成，他们想要用已有的物质合成新的物质。炼金术的发源地是亚历山大里亚，然后传到了亚洲的叙

阿维森纳（980~1037 年），阿拉伯哲学家、自然科学家、医生。他创作了 200 多部著作，《治疗论》、《医典》最有名

利亚,一起流传的还有化学知识和实验技巧。叙利亚人把炼金术带到了阿拉伯,接着到了西班牙,最后到欧洲。

在一般人眼中,炼金术就是把其他的金属冶炼成金子,这是一种骗人的技术。其实,中世纪炼金术的主要目的是改变金属的性质,然后把普通的金属变成银子或者金子。不过,炼金术士要解决的问题远远不止这些,他们还要寻找"养生剂"和"哲人石"。

勘探矿床(1556年,阿格里科拉作品中的插图)

改变金属性质的实验总是失败,炼金术士不得不放弃,把目光转移到其他的方面。他们开始关注人的健康问题,炼金术慢慢转变成了医术。

虽然炼金术士的某些行为是骗人的,但他们确实促进了化学的发展,因为他们做过无数次化学实验,尽管他们的目的不单纯,还是取得了很大的成就。

著名的哲学家莱布尼兹对炼金术士的评价很恰当:"……他们具有丰富的想象力和经验,但他们的想象力和经验不是统一的。他们有着天真的想象,结果把自己带到了死亡的边缘,造成了很大的笑话。其实,炼金术士从实验和自然中得到的知识,比科学家还要多得多。"

人们来到了文艺复兴的时代,标志着人类文化又向前迈了一大步。

谢米格拉吉亚、萨克森、波西米亚的采矿业迅速发展起来,推动了矿物学的成长。

阿格里科拉（1494~1555年）是萨克森矿业中心的矿物学家，他的研究工作取得了巨大的成就，奠定了精确研究矿物学和地球化学的基础。他真正的名字是格奥尔格·帕乌，有许多遗著，记录了当时关于矿床的知识。最著名的两部作品是1546年的《矿物的性质》和1556年的《金属制品》。他对矿物进行的分类有了科学依据，首次提出了化合物的概念，直到18世纪末，科学家对矿物学的研究都是根据这种分类法进行的。

格奥尔格乌斯·阿格里科拉（1494~1555年），德国科学家，有"矿物学之父"之称。他的名著《论矿冶》被称为西方的开山之作，1621年传到中国，传教士汤若望等人于1640年译完全书，书名为《坤舆格致》

瑞典著名的化学家兼矿物学家贝采利乌斯（1779~1848年），首次用化学方法来研究矿物，依据化学成分对矿物进行分类，这就是现代化学的分类方法。另外，贝采利乌斯第一次使用"硅酸盐"这个化学术语。

在地质学和矿物学的发展史上，各个国家的科学团体和科学院有着重要的作用，尤其是1657年成立的齐门特科学院。1662年，伦敦成立了"皇家学院"，它是现在的大不列颠科学院的前身。

18世纪初期，科学团体、陈列馆、博物馆有了快速的发展。瑞典科学院和1725年在圣彼得堡成立的俄国科学院，在科学的发展上有着杰出的贡献。

在俄国，著名的科学家罗蒙诺索夫（1711~1765年）的著作《论地层构造》和《论金属的产出》首次体现了地球化学的思想。他确定了金属和矿物不是静止不动，而是会移动的，于是，得到了这样的结论：金属可以从一个地方移动到另一个地方。他说地壳的变化形成了矿物，为矿物的新的概念奠定了基础，这个概念是20世纪新兴的地球化学的基础。

有好多书籍和文章在评论罗蒙诺索夫——伟大的研究家、思想家、科学家、作家、诗人时用了大量的篇幅来描述俄国的这位斗士，尽管如此，他们还是无法详尽地描述这位斗士,因为罗蒙诺索夫是一位天才科学家,他的才能是无法用笔墨形容的。

在与大自然的斗争中锻炼了罗蒙诺索夫的意志,他有着顽强的战斗精神,无论遇到多大的困难,他都不会屈服。

罗蒙诺索夫是这样的人:有着坚强的意志,充满大胆的幻想,深深渴望了解未知事物,喜欢追根究底,既善于深入的理论分析,又有着大胆的实验精神(他认为科学离不开实验),还会把理论和实验结合起来。古时候,七十个城镇都说自己保留了荷马的坟墓,所以它们为了这个荣誉而争论;现在,十多门科学和艺术在进行讨论,罗蒙诺索夫哪个方面的遗著最有价值:是物理学和化学,矿物学和结晶学,地球化学和物理化学,地质学和冶金学,地理学和气象学,天文学和天体物理学,地志学和经济学,历史,文学,语言学,还是技术呢?其实,普希金的说法很有道理:罗蒙诺索夫本身就是一所"综合性大学"。

罗蒙诺索夫对新一代的人有着强烈的责任感,他用语言鼓励新一代的人,热情地指导和号召:

俄国伟大的科学家罗蒙诺索夫(1711~1765年),首次把矿物和岩石的问题跟化学和物理学的问题结合起来研究,还是俄国地球化学思想和物理化学思想的奠基者

啊，祖国正在期盼着你们，
远处的呼声正在传来、
啊，你们的时代已经到来，
拿出自己的勇气去干吧。
你们的勤劳会在俄罗斯的土地上扎根，
出现无数个智力过人的牛顿。

二百年后，罗蒙诺索夫的预言和大胆的假设变成了科学真理，他希望祖国变得繁荣昌盛的愿望也在一步步成为现实。

罗蒙诺索夫不但描述了各种科学现象，而且解释了这些现象。他认为，需要研究的不是物质本身，而是物质的结构，形成结构的原因，物质内部的作用力等。据他解释，不管是什么科学，兴起的目的是为了解决一个大问题：物质是什么？内部结构是怎样的？它是由哪些东西组成的？

罗蒙诺索夫研究后发现，物质是由无数的小粒子组成的，粒子之间有着引力和惯性力，还可以运动；这些粒子中比较小的是原子，比较大的是分子。我们的肉眼无法看见原子和分子，它们不是静止的，而是在不停地运动着。这是一个超前的判断，完全符合现代原子学的理论。

比法国著名的化学家拉瓦锡早50多年，罗蒙诺索夫就证明了自然界中的物质不会消失，为伟大的自然定律——物质和能量守恒定律——的诞生奠定了基础。

罗蒙诺索夫用物理方法研究构成物质的粒子的基本性质，慢慢从物理学的研究进入了化学。化学研究的是物质成分的变化，这门科学和物理学、力学有着密切的联系。

1751年，罗蒙诺索夫在科学院的全体会议上宣读了"论化学的用途"这篇文章，文中讲述了化学的广阔前途，抛弃了炼金术士在实验室中形成的旧思想；他给化学定义了新的内容，主要内容是数字、重量、规律，这种新的思想还应用到了实践上。

1748年，经过许多年的努力，罗蒙诺索夫在圣彼得堡的阿普捷卡尔半岛建立了实验室，这是俄国第一个科学化的实验室，在这里，实现了物质的精确度量。

1752年到1753年，罗蒙诺索夫讲授"物理化学"这门课程，这是全世界首次讲述这门课程。他说："化学越来越广泛地进入人们的生活，为了满足国家的需求，所以我们要研究化学。"他找到了配制化学玻璃的方法；他做了几千次实验，终于找到了制造镶嵌玻璃的天蓝色颜料，创办了制造镶嵌玻璃的工厂；他分析了乌拉尔矿石的成分，还研究了硝石和磷的组成。

在这个实验室中，罗蒙诺索夫把制造纯净物当作首要任务。为了完成这个任务，他研究了金属、硝石、盐类等物质，完善了工艺学和矿物学的内容。他认为，矿物是由粒子混合而成的，粒子的组合方式决定了物质的性质。

石头和其他的物质一样，有生有死，有自己的发展史，所以罗蒙诺索夫希望大家用新的方法探索矿石的秘密。

罗蒙诺索夫认为矿物的生成和地质作用有着密切的联系，他在地下深处和火山的缝隙中寻找岩石生成的答案，在地面上的岩石中发现了动植物的残骸。由于他有着过人的才智，是伟大的哲学家和化学家，还是知识渊博的自然研究者，所以从他的新观点来看，石头是有生命的物质。

1763年，罗蒙诺索夫在名著《论地层》中，说过这样一段话：

这就是地层，这里有各种物质组成的矿脉，这些物质是在地下深处生成的。我们不但要确定矿脉的位置，还要研究矿脉的颜色和比重，这会用到数学、化学、物理上的知识，还要把它们结合起来。

这已经不是描述矿物性质的旧的矿物学，而是新兴的一门科学——地球化学。就像他在物理学和化学的基础上，创立了内容充实的物理化学；在化学和地质学的基础上，他也创立了一门科学，只是当时没有名字。直到1838年，一位伟大的自然科学家才说出了"地球化学"这个名字，他就是瑞士著名的化学家绍本（1799~1868年），四年后他说过一段话：

几年前，我就发表过自己的看法，一定要有地球化学这门科学才可以谈论地质问题，地质学一定要研究组成地球的物质的化学性质，这些物质的形成原因，还要研究地球上的各种生成物，以及生成物中动植物残骸的相对年龄。我可以肯定地说，现在的地质学家在沿着前人开辟的道路前进，但未来的地质学家不会朝着这个方向走。为了扩大地球化学的范围，当化石无法满足研究的需求时，科学家一定会寻找辅助资料，那时就会涉及矿物的化学研究方法。我认为，这个时期很快就会到来。

科学的发展史告诉我们，先驱的观点和预言，促进了新的概念和新的成就的产生。

为了使化学上的规律成为地球化学上的定律，使这些规律从推断变成真正的科学理论，这需要长期的实践，需要事实的支撑。

俄国伟大的化学家门捷列夫（1834~1907年）有着杰出的贡献。那时，关于宇宙构造的统一性仅仅是一个空想，而门捷列夫发现的化学元素性质的周期性为这种空想提供了现实依据。

19世纪中叶，俄国的工业迅速发展，门捷列夫开始了他的研究工作。他热爱自己的国家和人民，所以他的活动和实际紧密相连，他把自己的精力和时间都投入到实际的工作中。

门捷列夫描述了煤和石油的价值，找到了它们的成因，还研究了无烟火药的成分，指明了钢铁工业的发展方向。

他认为，科学研究的目的是：预见和实用。

门捷列夫的名著是《化学原理》，这本书于1869年首次出版，他生前出版了8次，去世后又出版过许多次。

《化学原理》是门捷列夫心血的结晶，他在1905年说过这样的话："这本书中包含了我的研究方法、讲授经验、科学思想，我投入了自己的精神力量，是我留给后人的宝贵遗产。"

毫无疑问，元素周期性质的发现为化学指明了新的方向，也为门捷列夫赢得了极高的荣誉。

恩格斯给予元素周期律极高的评价，他说：

门捷列夫向我们证明：按照原子量排列的周期表中，会出现各种空白，这些空白表示的是尚未发现的元素。门捷列夫预言了某些元素的基本性质……几年后，莱考克·德·布瓦博德朗发现了这个元素……

门捷列夫完成了从量变到质变的飞跃，摘取了科学上的一枚勋章……

门捷列夫不但预言了某些未知的化学元素，修订了一些元素的原子量，还给出了多种化合物的化学式。

门捷列夫首次把原子和天体相类比，他认为原子的结构很像天体系统的结构，例如，太阳系的结构，双星系统的结构。

化学元素周期律是地球化学的基础，我们可以根据这个定律来研究自然界中元素的各种定律。

虽然化学元素周期律诞生了，但科学家需要时间进行各种研究工作，在这段时间内，各种学派会不停地争论。科学家做了无数次的实验，75年后解释清楚了这个定律，同时确定了它的重要意义。

门捷列夫把物理现象和化学现象结合起来研究，把罗蒙诺索夫的话变成了现实："如果化学家不懂物理知识，就像是只靠摸索研究新的事物。物理和化学是紧密相连的两门科学，离开了其中一门，另一门也不能很好地发展。"

无论是过去、现在，还是遥远的未来，化学元素周期律都有着重要的作用，这是为什么呢？因为元素周期表非常简单，门捷列夫只是把自然界中的事实排列出来，这些事实在时间、空间、能量、演变上有着密切的关系。这张表代表了大自然本身，而不是人的主观思想。实际上，我们周围能够看见的物质世界就是这一张巨大的表，它是按照周期排列出来的，然后划分成了许多个部分。

当然，将来可能会出现新的学说，新的学说在以后也会被消灭，新的概念会不断地替代过时的概念；新的发现和成就会超过过去的一切，会达到更新奇、更高深的水平。无论将来怎么变化，门捷列夫发现的周期律不会过时，更不会消亡，它会继续发展下去，变得越来越精确，指导着未来的科学研究。

在《化学原理》的引言中，门捷列夫号召大家为了完善化学元素周期律而努力，他说：

谁要是知道在科学的领域中遨游是多么幸福，他就会深入研究这个领域，想要把更多的东西带到里面去，我就是一个很好的例子。在这本书中，我努力把化学的世界观展示给大家，希望更多的人投入到化学的研究中去。我们要号召青年为科学服务，为研究贡献力量，而不是恐吓那些懂得祖国在农业、工业、工厂事务等实际方面有着迫切需求的青年。只有人们明白真理代表真实的时候，真理才能够走进人们的生活，得到普遍的应用。

门捷列夫时常对青年发出号召，希望青年投身到科学研究中。当他在课堂中讲课时，各个系的学生都会来听他讲课，因为他的话可以打动人心，所以教室里坐满了听众。大学生听课的目的不是学习死板的公式，而是想要了解这位伟大教师的思想，以及他那独特的推理方法和创造方法。

19世纪，化学变化的研究促使矿物学和物理化学结合在一起，并在地壳中各种化学元素的搭配上添加了新的内容。

19世纪末，这个思想得到巩固，奠定了地球化学的思想，促使科学家在研究矿物的生成作用时，也会去思考各种矿物的组成成分。

虽然如此，地球化学还是没有出现，因为那时还不清楚原子、元素、晶体等概念。

直到化学元素周期律出现，结晶学取得了成就，人们才了解了原子，知道结晶格子是一种自然现象，开始把元素的性质和原子的结构结合起来，把它们当作一个整体来研究。

这时，已经有了创立地球化学的理论知识，还需要搜集大量的事实，进行无数次的研究，安排各种实验工作，而某些复杂的实验不是轻易就能成功的，需要进行几百次，甚至是几千次，才能够找到正确的研究方法。只有把这些事实成果和物理学、结晶学的理论知识相结合，才能够开辟地球化学的新道路。

现在，地球化学这门新的科学已经创立了，这是俄国的科学家共同努力的结果，当然，也离不开其他国家的自然科学研究者的辛勤劳动。地球化学的目的是，研究自然界中的各种原子，以及原子的命运。

地球化学有着独特的特点，与地质学的其他分支不同：它不研究分子、化合物、矿物、岩石及其综合体的性质和命运，而是研究原子的命运，首先研究的是地壳中可以用精密实验研究的原子的命运。地球化学研究的是原子的动态，原子在地壳中的移动、迁移、搭配、分散等各种情况。而且，地球化学不但要阐释清楚门捷列夫元素周期表每种元素的历史，还要把元素和原子的性质结合起来，因为原子的性质决定了元素的命运。

在俄国，地球化学有了明确的定义，并且取得了不错的发展，这完全得益于俄国科学家的努力，他们做出了巨大的贡献。俄国在地球化学上取得的成就，在全世界地球化学这门科学上，占据着领先的地位。

杰出的维尔纳茨基院士和本书的作者费尔斯曼院士奠定了俄国地球化学派的基础。

俄国地球化学派的创始人维尔纳茨基（1863~1945年）院士和费尔斯曼（1883~1945年）院士

美国、德国、挪威的某些化学家或者地质学家也创立了地球化学学派，但他们的研究范围比较狭窄，远远没有俄国学派的范围宽广。

我们要说一下美国华盛顿的地质学家克拉克（1847~1931年），他于1908年发表了著作《地球化学资料》。克拉克用了36年的时间来搜集关于岩石和矿物的资料，在这本书中，他修正了大量的材料，还概括性地描述了整个地壳的成分，以及各个地层的平均化学成分。

不过，克拉克并没有依据自己的资料来研究地球的作用过程。

挪威著名的科学家福格特和哥德施密特的研究工作，促进了地球化学的发展。福格特的研究为岩石学奠定了基础，在这门科学的帮助下，可以研究岩浆的作用，进而推算出地壳的化学成分。哥德施密特把结晶学和固体物理学结合起来，为现代结晶化学的产生奠定了基础，他还深入研究了地壳深处的地球化学，写出了有名的著作《地壳里化学元素的分布规律》。

俄国地球化学派的科学家和克拉克、哥德施密特不同，他们主要是运用地球化学的思想来解决实际问题。

俄国地球化学家时刻遵守着罗蒙诺索夫的遗教——运用数学、物理学、化学上的知识来分析自然界中的物质，他们还从地球化学的角度分析了门捷列夫发现的元素周期性质。

维尔纳茨基院士是生物界和无生物界的研究者，也是新的科学学派的创始人，还创立了俄国的矿物学和地球化学。

1885年，维尔纳茨基毕业于圣彼得堡大学，曾在数理系学习。

维尔纳茨基在大学学习时，门捷列夫起到了重要的作用。那时，门捷列夫展示出了自己的才智。

维尔纳茨基非常喜欢听门捷列夫讲授化学知识，他对老师的新思想有着浓厚的兴趣。那个时候，维尔纳茨基就知道了实验的重要性，它是验证理论的唯一方法。

在那个为了科学而努力的时代，科学家道库恰耶夫对维尔纳茨基也有着深远的影响，道库恰耶夫有着罕见的创造性和深入研究的精神。听完他的课，维尔纳茨基明白了理论知识和研究方法分不开。

读了道库恰耶夫的名著《俄罗斯的黑土》，维尔纳茨基对土壤的认识加深了，知道土壤是自然而然生成的，是历史留给我们的宝贵遗产。在地球化学上的许多思想，维尔纳茨基就是受到道库恰耶夫思想的影响形成的。

维尔纳茨基一生都坚定地行走在研究地球化学这条道路上，在这条道路上他发现了新的内容，创立了新的科学领域，还指出了俄国自然科学发展的新方向。

维尔纳茨基还是一位科学史学家，这对他的研究有着巨大的帮助，因为他把研究历史的原则和方法运用到自然科学的研究上。

维尔纳茨基也是这样教导自己的学生的，说明问题的时候一定要把它的历史弄清楚。他说："历史学家用研究历史的方法来解释人类的发展过程，我们自然科学研究者也要学习这种方法。只有这样，我们才能成为自然史学家。"

1890年到1911年的这段时间，维尔纳茨基一直待在莫斯科大学担任矿物学和结晶学的教授。

在维尔纳茨基到来之前，矿物学的讲授内容非常枯燥无味，只是简单地描述各种矿物，就连矿物标本都没有好好整理过。维尔纳茨基把原有的矿物标本整理好，还把自己旅行期间收集的矿物放进去，扩大了标本的范围。维尔纳茨基经常带着学生去国内外旅行，他认为这样的活动可以开阔他们的眼界，有益于把他们培养成未来的科学家。维尔纳茨基改变了矿物学传统的授课方式：他使矿物学变得丰富多彩，不再是简单描述矿物的枯燥学科，他还创立了化学矿物学，把结晶学分离出来，当作一门单独的课程。维尔纳茨基创办了矿物学小组，成员是莫斯科的全部矿物学家。同时，他要求自己的同事和学生一定要进行实验，真正了解化学物和矿物的物理性质和化学性质，这些实验在创立新的矿物学派中发挥了重要的作用。

这就是俄国化学矿物学的起源，也是后来出现的地球化学的起源。在维尔纳茨基的领导下，他的青年学生在莫斯科大学形成了一个学派，专门研究矿物学和地球化学的内容，并且取得了巨大的成就。

维尔纳茨基深入研究了各种矿物的矿床，于1906年出版了著作《叙述矿物学实验》的第一卷，1918年出齐了全书，这是一部矿物学方面的经典巨著。

1909年，维尔纳茨基担任科学院院士。1911年，他前往圣彼得堡工作。

这使他的生活进入了新的阶段，如果说之前的20年是他创立新学派的年代，那之后的日子则是他组织巨大的科学研究工作的年代。

从创立新的学派到组织科学研究工作，这是一个大的转变，也是一个艰难的过程。到达圣彼得堡之后，维尔纳茨基非常怀念在莫斯科的生活。他辞去教学工作，想把全部的精力投入到科学研究中。维尔纳茨基进入科学院时，担任地质学研究工作的导师是卡尔宾斯基，他是一位伟大的科学家，为俄国平原地质结构的研究奠定了基础。

维尔纳茨基利用光谱分析方法，研究了俄国各种岩石和矿物中含有的稀有元素和分散元素，提出了要在俄国广泛地、有计划地研究放射现象。

1922年，维尔纳茨基和赫洛平院士一起创立了镭研究所，在这里他们研究出了镭放射后会变成铅和氦气，还发现了利用镭的放射现象测量岩石年龄的方法。

直到现在，我们还时常想起维尔纳茨基说过的话："我们正在经历着人类历史上的伟大转变,这个转变是无以伦比的,是以前从来没有经历过的。不久后,人们就会掌握原子能这种动力,它会使人们的生活更加惬意。这种情况可能很快就会实现,也可能一百年后才会实现。但是,它是一定会成为现实的。人是不是会使用这种原子能呢?是把它用在和平的事业上,还是用在残酷的战争中?既然科学把这种动力送给了人,那么,人是否具有了使用原子能的本领呢?科学家对自己的研究工作产生的后果决不能视而不见,一定要对由于新的发现而产生的后果负责,把自己的研究工作和全人类的福祉结合起来。"

结果,维尔纳茨基创立了放射性地质学学派,镭的研究工作迅速展开。几年

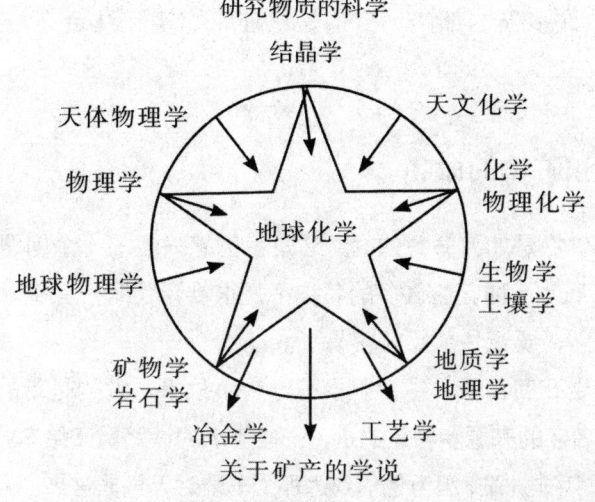

与地球化学有关的科学

后,他开始发表巨著《地壳里的矿物史》(1923~1936年),这是一部具有极高的科学价值的著作。遗憾的是,维尔纳茨基没有写完这部巨著。同时,他把卓越的地球化学思想整合起来,出版了《地球化学概论》(1927~1934年)这部著作。

在矿物学中,旧的观点是把矿物当作复杂的分子来研究,在《地球化学概论》这本书中,维尔纳茨基抛弃了旧的观点,指出需要研究的原子本身的特点,原子在地壳中的移动路线。

1928年,维尔纳茨基创立了生物地球化学研究所,为地球化学的分支生物地

球化学的诞生奠定了基础。生物地球化学研究的是活的有机物的化学成分，活物质和活物质分解后形成的生成物对地壳中化学元素的影响，会使地壳中的元素如何迁移、怎样分布、怎么聚散等。

1935年，科学院迁到了莫斯科。于是，维尔纳茨基又回去了，在接下来的10年中，他把注意力放到生物地球化学的实验上，研究了碳、铝、钛的生物化学作用，还指出了如何绘制生物圈这个地球化学图上的问题。

"地球化学"这个名词早在100多年前就出现了，但是真正的地球化学研究是最近30年才开始的，这是一个新的探索年代；无论是过去还是现在，在地球化学的研究上，俄国的科学家起到了重要的作用；俄国的科学正在飞速发展，出现了许多新的部门，目的是把理论和实际结合在一起，为国家的发展贡献力量。

4.2 化学元素和矿物的命名

化学元素和矿物是如何命名的呢？这是我们感兴趣的一个问题。元素、矿物、岩石加起来有成千上万种，这么多的名称不是很难记住吗？其实，只要我们知道了每个名称的含义，要记住就比较容易了。

在我写的《岩石回忆录》中，里面有一个小故事，说的是新的矿物和基洛夫斯克铁路新车站名字的来源。可笑的是，一些年老的铁路员工给车站命名的方法，例如，有一个车站叫非洲站，因为他们到达那个车站时天气非常热，就像是非洲一样。另一个车站的名字是钛，但是在这个车站的附近，根本没有钛矿石。

需要注意的是，不仅年老的铁路员工这样做，就连过去和现在的化学家、矿物学家在为新物质命名时也是这样做的：想到什么名字就用什么名字，而我们却需要记住这些名字。虽然化学中比较简单，大约是100种元素，名字不会太难记。但矿物学就复杂多了，已经知道的矿物有2000多种，每年还会发现二三十种新的矿物。

我们先来说一下化学元素的名称，化学元素是建立化学科学的基础；我们用化学元素拉丁文名字的前一个字母或者前两个字母来表示它们的化学符号，例如：Fe（ferrum——铁），As（arsenium——砷），等等。

有时候，化学家和地球化学家会用国家或者地方的名字来为新元素命名，如果在某个国家或者某个地方发现了新的元素或者化合物，就会采用这个国家或者地方的名字。

因此，有些元素的名字看到它的原文就会明白是什么意思，记忆起来也容易。例如：铕（europium——欧洲）、锗（germanium——德国）、镓（gallium——法国的旧名高卢）、钪（scandium——斯堪的纳维亚），等等。不过，有些元素的名字很难懂，更难记，因为采用的是某些国家或者地方的古代名字。而且，有一些元素至今不知道是如何得名的。

1924年，哥本哈根一种新元素，给它命名为铪（hafnium），这是丹麦首都的旧名字，几乎没有人知道。镥（lutecium）的得名也是如此，采用的是巴黎的旧名字。铥（thulium）的名字来源于古代瑞典和挪威的斯堪的纳维亚语名字。

俄国的科学家克劳斯在喀山发现了金属钌（ruthenium），它的名字是为了纪念俄国，遗憾的是，许多有经验的化学家都不知道这一点。

在瑞典的首都斯德哥尔摩附近，有一个长石矿坑，许多新的元素都是用那里一个叫依特比的伟晶花岗岩矿脉的名字命名的，例如：镱(ytterbium)、钇(yttrium)、铒（erbium），等等。

许多元素是根据它们的物理性质和化学性质命名的，看起来这样比较合理，但只有精通古代希腊文或者拉丁文的才能够了解这些名字，记住这些名字。

利用光谱发现的元素，通常是用它们在光谱线中显示的颜色来命名，例如，铟（indium）代表的是蓝色，铯（cæsium）代表的是天蓝色，铷（rubidium）代表的是红色，铊（thallium）代表的是绿色。

有些元素是用它们盐类的颜色命名的，例如，铬（chromium）的希腊文含义是"颜色"，因为铬盐的颜色鲜艳无比；铱（iridium）的含义是"彩虹"，因为铱盐是五颜六色的。

有些化学家喜欢研究天文学，他们用行星或者其他星体的名字给元素命名。例如：铀（uranium——uranus 天王星）、钯（palladium——pallas 智神星）、铈（cerium——ceres 谷神星）、硒（selenium——selene 月球）、氦（helium——helios 太阳），等等。这里面，只有氦这个名字意义深刻，因为首先在太阳上发现了氦。

有些元素的名称是为了纪念传说中的神和女神。钒（vanadium）纪念的是女神凡娜迪斯，钴（cobaltum）和镍（niccolum）是银矿中的有害成分，是用萨克森矿坑中两个恶神的名字命名的。

钽（tantalum）、铌（niobium）、钛（titanium）、钍（thotium）来源于古代神话，没有特别的含义。锑（stibium）是希腊文"杂色"的意思，因为辉铁矿聚集起来像是杂色的花。

人们很少注意大科学家的名字，有一种矿物叫加多林石（硅铍钇矿），主要是为了纪念俄国的教授加多林，元素钆（gadolinium）的名字就来源于这种矿物。

还有一种矿物叫萨马尔斯基石（铌钇矿），是在乌拉尔的伊尔门山发现的，这个名字为了纪念俄国的上校萨马尔斯基，这种矿物种发现的新元素命名为钐（samarium）。

钌、钆、钐这三种元素的名字来源于俄国。

除了上面介绍的这些元素，有将近30种元素的原文名称是古代阿拉伯文、印度文、拉丁文的字根。

金（aurum）、铅（plumbum）、砷（arsenium）等名字的起源还在争论，没有一个确定的答案。最后，我们来说一下新发现四种超铀元素：第93号元素镎（neptunium）和第94号元素钚（plutonium）是用行星的名字（neptune 海王星，pluto 冥王星）命名的，第95号元素镅（americium）代表的是美国，第96号元素锔（curium）是为了纪念居里夫人。

大家看一下，这些名字多么混乱，既有希腊文、阿拉伯文、印度文、波斯文、拉丁文、斯拉夫文的字根，又有神、女神、行星及其他星体、国家、地方、人的名字，而且没有准则，还缺乏深刻的含义。

科学家也想过把元素的名称整理一下，但毕竟数量有限，没有必要这样做。不过，矿物的名称就不是这样了。

在这个问题上，地球化学家和矿物学家一定要认真对待，每年要给二三十种的矿物命名，必须改变以前的命名法。例如，有一种矿物叫劳拉石（硫钌锇矿），采用的是某化学家未婚妻的名字。许多矿物是从感情出发，用某些公爵和伯爵的名字命名，但他们与这些矿物毫无关系，乌瓦罗夫石（钙铬石榴石）用的是伯爵乌瓦罗夫的名字，这样的情况能够继续下去吗？

有些矿物的名字非常古怪，太难念。例如，有一种矿物叫安潘加巴石（铌钛酸铀铁矿），因为它是在马达加斯加岛的安潘加巴发现的，就用地方的名字当作矿物名。矿物的名称是矿物学和化学上一个有趣的问题，直到今天，有些矿物名称的起源还没有研究清楚，好多矿物是用古代印度文、埃及文、波斯文的字根命名的。土耳其玉和祖母绿的原文是波斯文，黄玉和石榴石的原文是希腊文，红宝石、蓝宝石、电气石的原文是印度文。

利用地点来命名的矿物也很多，下面三种矿物采用的就是地名：伊尔门石（钛铁矿）采用的是乌拉尔南部的伊尔门山的名字，贝加尔石（易裂钙铁辉石）来源于贝加尔湖，摩尔曼石（硅钛钠石）因摩尔曼省而得名。莫斯科石（白云母）和莫斯科有着紧密的联系，它是含有钾元素的云母，在电工业上有着重要的作用。有些矿物的名字是为了纪念伟大的研究家、化学家、矿物学家，例如，舍勒石（重石）纪念的是瑞典著名的化学家舍勒，歌德石（针铁矿）纪念的是诗人兼矿物学家歌德，门捷列夫石（富铀黄绿石）和维尔纳茨基石（水褐铜钒）是为了纪念俄国两位伟大的化学家。

有几种矿物是用岩石的颜色命名的，这样的命名法是非常合理的，但只有熟悉拉丁文或者希腊文的人才能看懂这类名字的原文。例如：海蓝宝石（原文的含义是海水的颜色）、雌黄（原文的含义是金黄色）、白榴石（希腊文的意思是白色）、冰晶石（希腊文的意思是冰）、天青石（拉丁文的意思是青天），等等。

有些矿物的名字体现的是它们的物理性质和化学性质：具有银子光泽的一类矿物叫做辉矿类，具有铜或者青铜光泽的一类矿物叫做黄铁矿类，具有沥青光泽的矿物叫做沥青矿，能够沿着某个方向劈开的一类矿物叫做晶石类，含有某种金属但外表体现不出来的一类矿物叫做闪矿类，俄文的含义是欺骗。金刚石这个名词来源于希腊文，含义是无法制服的。

有些矿物是用含量最多的一种元素命名的，这种命名法也无可非议。例如：纵核磷灰石、黑钨矿、辉铜矿，等等。

许多矿物的名字非常有趣。有些和神话有关，有些和炼金术士有关。例如，石棉的原文是希腊文，含义是不能燃烧；软玉的原文依据的是中世纪的错误思想，认为它可以治疗肾脏疾病；似晶石的原意是虚伪的，因为在太阳的照射下，它那漂亮的红葡萄酒的颜色会慢慢消失。

磷灰石的俄文意思是"骗子",因为难以把它和其他的矿物分开;中世纪的人们认为紫水晶可以防止醉酒,所以它的原文含义是防醉。

从上面的叙述中我们可以知道,矿物名称的来源多么广泛、多么复杂。

难道不能把矿物的名称整理一下吗?召开一个国际会议,制定矿物的命名原则,使矿物的名字代表它们的性质,把矿物名称系统化,这很难办到吗?

我们建议矿物的名字不要太长,别让学生为了记忆而烦恼。其实,不管是岩石的名字,还是动植物的名字,都要和它们的特征紧密相连,让每一个人都能记住。我们相信,在不断发展的化学和地球化学中,这个建议总有一天会被采纳。

4.3 现在的化学和地球化学

我们生活的这个时代,物理学和化学已经取得了巨大的成就。

旧金属铁被各种各样的金属代替,或者和稀有金属搭配起来使用。

玻璃、瓷器、砖瓦、混凝土、矿渣等复杂的硅化物,代替了旧时的钢铁结构。

近几年,有机化学飞速发展,取得了巨大的成就,大规模的工厂取代了种植园和橡胶园。

在工厂中,人们利用干馏煤的产物制造了橡胶和染料,人造染料取代了天然植物染料,还大大增加了染料的种类。

现在,我们在沿着科学、经济、生活化学化的道路前进,化学已经走进了我们的日常生活中,渗透到了工厂器械的各个部分。

与此同时,人们加快脚步研究天然的资源,寻找工农业上需要的矿物原料。

地球化学和化学的关系越来越紧密,越来越难以划清界限。

为了促进化学工业的发展,我们要成立专门的科学研究所和实验室。这时,我们不禁想起来法国著名的生物学家巴斯德在 1860 年说过的话:

希望大家能够注意神圣的处所,这个处所的名字是实验室。我们要多多设立实验室,还要不断完善实验室,因为这关系着我们的美好未来和幸福生活。

现在,我们建立了很多大规模的化学研究所,有的研究地球化学问题,有的研究铝矿石在工业上的应用问题，有的研究硼和硼的碳化物问题，还有的研究俄国出产的天然盐类和各种元素，例如，稀土族元素、铂族元素、金、铌、钽、镍，等等。

为了深入研究地质学上的各种问题，俄国科学院设立了地球化学研究所，专门研究这些问题。结果，为地球化学的思想奠定了基础。

门捷列夫继承了俄国物理-化学协会的优良传统，大力宣传化学思想；门捷

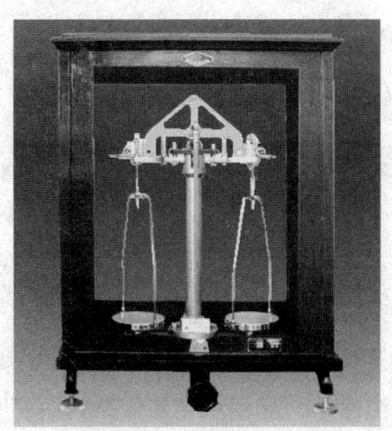

精密天平，可以精确到1%毫克

列夫学会的总会和分会有几千个会员，他们把物理-化学协会的传统发扬光大。

在这里，我们要说一下俄国矿物学会，它于1817年在圣彼得堡成立，始终致力于矿物学、岩石学、矿产学的研究。

地球化学在俄国得到了广泛认识，地球化学的思想体现在研究矿产的科学著作中。

俄国的一位化学家统计后得出，最近的30年中，有100多万篇关于化学的学术论文刊载在各种杂志上；出版了6万~8万种研究化学的著作。如果想要了解这些文献，可以参考专门的杂志，这些杂志摘录了全世界30多种文字出版的3 000多种化学杂志的内容。

不过，当我们谈论近几年许许多多的研究时，我们要知道，大部分描述的是碳的化合物，还有一些是讲纯粹的技术问题，只有百分之二的内容和地球化学有关：研究的是地壳中的各种物质，还有物质的分布、迁移、结构，以及如何聚集在一起形成矿石的情况。

俄国各地的科学研究所和社会团体的研究工作越来越繁重，科学作品的出版工作也在增长，提出的化学问题也越来越深刻，越来越广泛。尽管罗蒙诺索夫去

世快 200 年了，但他在 1751 年讲授物理化学绪论时说过的话，现在仍可以当作研究化学的口号："研究化学的两个目的是发展自然科学和增加生活福利。"

事实的确如此，化学和物理学结合在一起，不但促进了自然科学的发展，还向我们揭示了自然界中用肉眼看不见的秘密；科学和技术使我们明白了，各种各样的原子组成了我们这个美丽的世界。

借助于化学上的成就，现代工业造出了将近五万种化合物，这里面还不包括有机化合物。在实验室中，我们研究、制造了 100 多万种有机化合物。而且，实验室还在不停地制造新的化合物。

我们知道的天然化合物有 2 500 多种，远远比不上实验室中制造的化合物的数量。不过，向我们讲授化学知识的第一任教师就是自然界，而不是别人。矿物原料是化学工业的基础，决定着实验室的研究方向，物质的结构和各种化学反应也源于对自然界物质的研究。

这也是地球化学连接了化学和矿物学的原因。地球化学要研究自然界中矿物的性质和储藏量，不仅和结晶学一起揭示了晶体结构的秘密，还指出了工业的前进道路。

可以看出，从地质学到地球化学，再到化学和物理学，这几门科学紧密结合起来，形成了一条锁链。这些科学所要达到的目标就像罗蒙诺索夫说的那样，不但要发展自然科学，还要为人们的生活谋福利。

如今最主要的任务是：制造出新的有价值的物质，寻找国民经济最需要的原料。地球化学和技术结合在一起，为的是研究矿石和盐类的性质，弄清楚稀有金属在矿物和盐类中的分布状况，找出充分利用地下资源的方法。

化学、地球化学、技术的紧密结合，保证了现代化学工业的发展方向。

我们不要浪费时间去讨论化学和化学分支的发展会给我们带来什么好处，在前面讲述人类史上的各种原子时我们提到过这个问题，在说到未来的科学及其成就中还会涉及。

接下来，我们要说的是另一个问题：现代的化学研究家设立了科学实验室，推动着科学的发展，带领我们去了解周围的世界，那么，他们是一些什么人呢？他们又应该是什么人呢？

过去的化学家寻找岩石，然后把里面的物质和元素提取出来，接着在实验室中研究这些物质和元素，不用考虑它们在自然界中的位置，也不用分析它们和其他物质的关系。

现在，人们发现宇宙的结构非常复杂，各部分之间有着紧密的联系，整个宇宙犹如一个巨大的实验室，里面存在着各种力量，不停地冲撞、结合、斗争，在电场和磁场的作用下，有些地方生成了某种物质，在另一些地方却被破坏了。

世界像是一个大实验室，内部各部分之间的关系类似机器上的齿轮，彼此之间紧密相连。现代的化学家不再总是关在实验室中，而是用新的眼光看待原子，把各种原子和整个宇宙结合起来考虑。这就是现代的化学和地球化学如此接近的原因。

现代科学家的任务不再是研究自然界中的个别现象和个别事实，而是研究物质的本质问题，物质是怎样生成的，为什么会生成，将来又会发生什么样的变化。

他们不仅要从哲学的角度来研究自然界的规律，还应该研究这些规律在自然界中的形成过程，揭露自然界中各种现象之间的复杂联系。

研究家不应该简单地描述自然界中的现象，或者照张相片观察一下，而是想办法征服自然界，让自然界服从人类的意志。现代的研究家不再是实验室的守护者，而是新思想的创造者，用在自然界中发现的新思想来改变世界，控制世界。

现代的化学家应该具有这样的思想：他的成就不再是实验室中偶然化学反应的总和，而是创造性的思想、科学的推理、深入研究的结果。他们应该明白，科学上的胜利不是一蹴而就的，而是各自思想经过长期的考验和积累形成的；它是漫长的岁月中无数科学家辛勤探索的结果；它是点点水滴积累起来的一杯清水。

在现代科学史上，有时会在不同的地方同时发现某种突破，许多科学家会在同一年代里思考，怎样才能够最有效率地征服我们的世界。

要想使自己的工作有成就，必须要有一双善于观察的眼睛，还要大量地搜索事实，这是地球化学上的一个重要问题。我们不得不承认，研究家常常埋头研究理论，有时候会被严密的概括所迷惑，忘记了去观察，忽略了概念和事实的不一致性，而这些事实正好是新发现的关键点。对于新的事物具有高度的敏感性，用辩证的眼光来看待流传下来的假说，不轻易否定，也不盲目服从，这是一个真正的科学家必须具备的条件。

有些人会想，好多发现都是偶然的，例如，伦琴不经意看见了 X 射线在荧光板上的作用，西伯利亚储量丰富的碳酸锰矿也是在偶然的情况下发现的。不过，我们要明白，这种偶然不是碰巧撞上的，而是善于观察、长期积累下来的结果。

许多年来，无数的勘探者来到白色的岩石旁，把盐酸滴在岩石上，听见嘶嘶的响声，轻易判断这是单纯的石灰石，于是不再研究了！不过，如果他们能够仔细地观察一下，就会发现这些白色岩石的裂缝和表面上某些地方覆盖着一层黑色的物质，这不是外来的物质，而是白色岩石里面出来的。不久后，西伯利亚储量丰富的锰矿就问世了。所以这个发现不是偶然的，而是坚持观察和实际知识综合作用的结果。

说起善于观察，罗蒙诺索夫的观点非常正确。他说："科学家要通过观察确定理论是否正确，又要利用理论知识来修正观察的现象。"的确如此，因为精妙的观察来源于理论，而理论是建立在大量的观察和正确的事实上的。

那么，真正意义上的地球化学家应该是什么人呢？

真正的地球化学家一定要有坚定的意志，始终朝着既定的目标前进，有着强烈的求知欲，善于观察细枝末节，有丰富的想象力，还要有年轻的精神，这不是体现在年龄的大小上，而是对事物的敏感程度。地球化学家要有极大的耐心，克服困难的勇气，热爱劳动，最主要的是在工作中能够坚持到底。

19世纪，最伟大的科学家富兰克林说过，天才指的就是能够进行无限制劳动的人。

同时，科学家还要有正确的理想和活跃的科学幻想。他们要相信自己的事业和理想，坚信自己的思想是正确的，勇敢地捍卫这种思想，努力工作，热爱工作。热情是工作取得成功的重要条件之一，毫无激情的工作是不会有重大发现的。

没有热情就无法取得成功，更不能征服世界。科学家能够产生这种热情，不仅是受到自己创造力的驱使，更重要的是他们意识到自己的重大责任，认识到他们创造性工作的重要意义。

努力提高人类的生活质量，打倒阻碍人类美好生活的黑暗势力，力求创造出新的世界，发现大量的新的资源，并且能够充分利用这些资源，这就是自由国家中新人类的奋斗目标。

只有这样，才能够征服世界。

达尔文在自传中说:"作为一个科学家,我周围的生活条件和我的性格决定了我一生成就的大小。当然,我的性格是主要因素,对科学的热爱,有足够的耐心面对各种问题,在观察和搜集事实时坚持到底,还要有足够的创造力和正确的理想。"

这几点也是现代的地球化学家必须具备的。这些性格不是与生俱来的,也不是轻易就能形成的,而是经过长期的努力锻炼出来的,是在创造性的生活中慢慢培养起来的。

伟大的化学思想浮现在我们的眼前,成百上千的实例使我们明白了,科学正在一步步地战胜大自然。

4.4 在化学元素周期表上旅行

几年后,俄国的莫斯科要举行一个科学技术展览会,一名组织工作者问我说:"展览什么东西才能体现出俄国在科学上取得的伟大成就呢?"

我回答说:"从罗蒙诺索夫起直到现在,只要是其他国家没有的和能够体现俄国的科学发展过程的一切材料都应该展示出来。"

我对于这个问题很感兴趣,和化学家、地质学家讨论之后,提出了上面的建议。这个建议起初看起来很不现实,内容太庞大了,但后来大家都同意了这个提议,他们觉得这个想法不错,并且一起努力准备展览工作。

想象一下这种情况,有一座巨大建筑物,形状是圆锥形或者棱锥形,使用的材料是铬钢,高度大约是 20 多米,类似于五六层楼房的高度。锥体的外面是巨大的螺旋结构,一个个方格镶嵌在螺旋上,方格的排列顺序和门捷列夫元素周期表的顺序一样:横行是周期,纵行是类,一种元素占据了一个方格。成千上万的参观人员沿着螺旋向下走,观看着各种元素的命运,就像观看动物园中的各种动物。

你来到了"元素大厦"的底端,慢慢往上走,一直到门捷列夫元素周期表的大锥体的顶端。开始时,围绕在你周围的是大理石,一个个红色的舌头舔着你的脚;然后,你的四周充满了火热的熔化物,不停地流动着。

你坐在升降机的玻璃屋中,周围是地下深处的熔化物形成的海洋。在红舌头和流动的熔化物中,这玻璃屋慢慢上升。

化学元素周期表的元素大厦

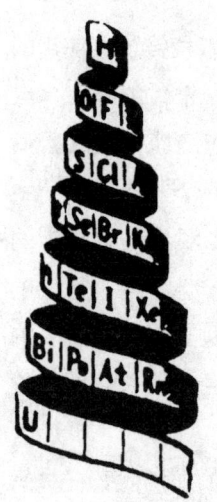

大锥体外面的螺旋结构

不久后,你看见了岩浆最初结晶成的固体物质,这些晶体在岩浆中漂浮着,被岩浆带往远方,慢慢聚集在某些地方,有的变成了闪闪发光的物质,有的变成了坚硬无比的岩石。

看,玻璃屋右边的岩浆在逐渐冷却。这是地球内部的主要岩石,颜色是灰黑色,有些地方冷却了,有些地方还是炙热的红色,里面含有大量的镁和铁。在大片的铬矿石中混杂着含铬的铁矿石,上面有黑色的斑点,铬矿石中有时会出现铂的晶体或者含锇的铱的晶体——地底下最早生成的金属,闪闪发光。

然后,玻璃屋来到了暗绿色的大石块附近。在历史上,这种大石块好几次被摧毁,重新被熔化成火红色的、流动的物质。暗绿色的石头中还有另一种晶体，这种晶体是透明的，可以发出光芒，它的名字是金刚石，南非洲的矿洞里就含有金刚石。

你坐在玻璃屋中，觉得上升的速度越来越快，脚下的暗绿色的晶体离你越来越远。现在，你的周围是灰色和褐色的岩石，它们是闪长石、正长石、辉长石，有些地方形成了白色的矿脉。突然，玻璃屋极速向右转，在液体的花岗岩中穿梭，这里充满了气体、蒸气、稀有金属。在这里，你很难发现固态的晶体，只有灼热的云雾，因为这里的温度达到了800℃。

升降机缓缓上升

一股股易于飞散的蒸气向上涌出，凝固的花岗岩的内部还有熔化的物质。这种花岗岩是伟晶花岗岩，里面孕育了美丽的宝石晶体，不仅有黑晶、绿柱石、蓝色的黄玉，还有水晶和紫水晶的晶体。

玻璃屋从炙热的云雾中穿过，你会看到伟晶花岗岩空洞的奇妙风景，在乌拉尔山的这种空洞叫做"伟晶岩晶洞"。这里有一米长的烟晶，旁边长出了长石晶体。长石晶体的表面有云母片，再往上又是亮晶晶的烟晶。奇妙的水晶像一把透明的标枪，从晶洞中穿过。

玻璃屋来到了高处，周围充满了鬃毛似的紫水晶。屋子穿过了伟晶花岗岩矿脉，你的眼前出现了一幅妙不可言的景象：矿脉时左时右，出现了粗细各异的分支，粗的分支是白色的矿物和闪亮的硫化物，无法看清楚细的分支是什么物质。在花岗岩中，可以看到褐色的锡石晶体和红黄色的重石。

玻璃屋中的电灯关了，你的周围陷入一片黑暗。然后，移动一下机器的操纵杆，发出了肉眼无法看见的紫外线，黑暗的墙壁上出现了火光：有时是重石晶体发出的绿色光芒，有时是方解石颗粒发出的黄色光芒。多种矿物发出了磷光和不停变化的色调，但重金属的化学物例外，它们始终是黑色的斑点。

电灯打开了，玻璃屋离开了花岗岩中不同矿物的接触带，沿着花岗岩的干线往上走。玻璃屋的速度降下来了，就像在矿脉上行走，来到了厚密的石英块附近。石英的内部夹杂着黑色的钨矿石，再往前几百米看到了闪着黄色亮光的硫化物，这是硫化铁的晶体。然后，看见了耀眼的黄色光芒。

"快看，金子！"其中的一人喊了起来。在雪白的石英中，穿插着黄色的金矿矿脉。玻璃屋上升了几百米，出现了钢灰色的方铅矿，接着是具有金刚石光彩的闪锌矿，具有多种金属光泽的各种硫化物矿，铅、银、钴、镍等金属的矿石。玻璃屋穿过了质地柔软的方解石，方解石穿过了银白色的辉锑矿，有时会遇到血红色的辰砂晶体。然后是砷的化合物，有的是黄色的，有的是红色的。往上的道路越来越好走，热的熔化物过去后是热的蒸气，接着便是热的溶液。

现在，玻璃屋的外面是温热的矿泉，矿泉中不断地冒出二氧化碳气泡，气泡会穿过地壳的沉积岩。在这里，二氧化碳会侵蚀石灰岩的岩壁，使锌矿石和铅矿石聚集起来。往上走就看见了美丽的石灰质沉积物，有的是褐色的文石生成的钟乳石，有的是非常漂亮的缟玛瑙，和大理石的形状类似。

热的矿泉分成了好几股，有些支流穿过地壳来到了地球表面，生成了喷泉或者温泉。玻璃屋穿过厚厚的沉积岩，越过煤层，来到了二叠纪生成的盐类中，你将看到远古时期地球表面的景象。沉重的液滴落下来，掉到了屋子的玻璃壁上，这是沉积岩沙子中的石油和各种沥青。就这样，玻璃屋穿过了好几个地层。

地下水不停地打在玻璃屋的外壁上，两旁是厚厚的砂岩壁，玻璃屋像是镶嵌在了里面；在你的周围，柔软的石灰岩和黏土质的页岩不时变换颜色，展示了地球过去的状况。玻璃屋越来越接近地层，快速地上升，穿过地层就停止了。

你看见鲜明的火焰，白色的蒸气变成雪白的云，形状非常古怪，把天空都遮住了。

你来到了门捷列夫元素周期表的顶端，看见氢在空气中燃烧，形成了白色的水蒸气飘荡在空中。

你在门捷列夫元素周期表的上面站定，就会在圆螺旋的影响下一点点向下走。你会跟着门捷列夫元素周期表，手扶着铬钢制的栏杆开始一次旅行。

第二个方格上写着一个大大的"氦"字。氦是一种惰性气体，最早出现在太阳上，它在地球上是无处不在的，人类把它收集起来，用它填充飞艇。在这间氦的房间里，你能看到它的全部历史：它最早在太阳周围的日冕里，是鲜绿色的光谱线，后来人类在斯堪的纳维亚发现了一种难看的黑色钇铀矿，用泵就能从这种矿中把氦这种太阳上的气体抽出来。

你从栏杆上弯下腰向下看，就会发现氦的方格下面还有五个写着火红的字的方格，这是另外五种惰性气体：氖、氩、氪、氙和镭射气——氡。

这时，所有惰性气体的光谱线一下子全都燃亮了，出现了各种颜色。氖气的光谱线是橘色和红色的，氩气的光谱线是蓝青色的。在这些艳丽的色彩中还混杂着几种颤动着的浅蓝色长条光带，这是比较重的惰性气体发出来的，这些光我们都非常熟悉，经常看到城市里的商店用它们做广告。

这时，电灯又亮了，前面是最轻的碱金属——锂的方格。你再向下看，又能看到一片艳丽的颜色，黄色的是钠，紫色的是钾，发红的是铷，发蓝的是铯，它们都是锂的伙伴。

你就被这个螺旋带动着一步步向下走去，仔细看完门捷列夫周期表里的所有元素。在这本书中，我们讲过很多种元素，但这里并不是用文字和插图来说明每种元素的历史，而是把它的全部历史过程用生动的、真正的标本形式展现出来。

碳是生命和全世界的基础，它的方格最为出奇了。你看到的是活物质的全部发展史，当然也包括碳元素死亡的全部历史：它被埋在地下，成了煤，而活的原形质变成了液体的石油，这幅奇异的景象出现在由几十万种碳化合物组成的世界中，而你的注意力会被它的一头一尾所吸引。

这里有一颗巨大的金刚石晶体，它是"奥尔洛夫"，是镶在俄国沙皇金手杖上的宝石，可别误认为它是英国国王用的"非洲之星"。

这个房间的最后是煤层。用风镐凿进去，这些煤就会顺着输送带来到地面上。

你已经在这个螺旋上绕了两个圈，你站在这个五颜六色的房间里：黄的、绿的、红的石块都发出彩虹的色彩。你会看到中非洲的矿坑，接着又看到亚洲黑暗的山洞，各种景象像过电影一样在你眼前放映着，你看到一个个矿井的景色，从而看到金属的起源。你看到了钒，它的原文名称源于神话里的一个女神，这是因为钒具有一种神奇的力量，把钒添进钢铁里，钢铁就会变得坚硬耐久，又有韧性，可以弯曲，但绝不会折断，这些性质是汽车轴必备的。在同一个房间里，你会看到这样两种不同的轴：一种是钒钢造的，汽车用它已经跑过几百万千米了；而另一种是用普通的钢造的，它装在汽车上都没跑上一万千米就坏了。

你在螺旋上又兜过几个圈子，每个房间都各具特色，这是铁，没有它，就没有整个地球的钢铁工业；碘则是无处不在的，在所有的空间里都有它的存在；这是锶，用它可以制造出红色烟火；那边的金属是镓，呈闪白色，把它放在手里，它就会熔化。

哇！金光闪闪的房间真漂亮！它散发着万点星光。这边是石英矿脉里的金子，是白色的；这是外贝加尔湖的金矿，它和银混在一起，看上去有些绿；那边是阿尔泰列宁诺哥尔斯克选矿工厂的模型，在你眼前流过的是淘金的水流；这些溶液都是含金的，闪烁着彩虹的色彩，它在人类史和文化史上起到了巨大的作用，它使人们发财和犯罪，挑起了人类的战争，成为人类争相抢劫掠夺的金属！你的眼睛不断被辉煌的金光闪耀着，这边是国家银行地下室里的金块，那边是著名的维特瓦特尔斯兰金矿里奴隶们劳动的景象，那边银行老板操纵着股份公司的命运和金币的价格。

下面的第二个房间是液态的汞。这个房间的布置和 1938 年著名的巴黎博览会的布置完全相同，房间的正中有喷泉，喷出是银白色的汞，而不是水。一个小蒸汽机坐落在房间右边的角落里，活塞被汞的蒸气的力量带动着有节奏地运动着，这种金属具有挥发性，从左面可以看到它的全部历史，它在地壳里是如何分散的，顿巴斯砂岩里血红色的辰砂滴点，西班牙矿坑里有液态的汞滴。

下面是铅和铋，接着再往下就会看到一幅莫名其妙的图画。这里看上去不像前几个方格那样清楚了，而是几种元素和方格混杂着，这是门捷列夫周期表里一些特别原子的范围。这些原子也是金属原子，但不像其他金属一样稳定不变。对于这片景色，你会觉得模糊、陌生，却能从中看到奇幻的现象。

铀和钍的原子都不是稳定不动的，它们会放出射线，产生氦原子，所以铀原子和钍原子就都离开了自己的方格，跳进了镭的方格，并在那里发出明亮的光，变成了透明的气体氡，这个过程就像神话一样。接着它们又在门捷列夫周期表里往回跑，最后进入铅的方格里并固定下来。

这边这幅图画与前面一幅相比显得更离奇，一些粒子快速飞向铀，一下子就把铀劈成了碎块，铀裂开时发出巨大的声音，噼噼啪啪的，同时会发出灿烂的光线，稀土族的方格在螺旋上方，铀在那里燃烧后再沿着螺旋下来，在和它毫无关联的几个金属格里停留下来，最后来到铅的附近，渐渐熄灭。

这样的话，我们是不是要改变从前对原子的概念呢？我们的定律认定每一种原子都是稳定不变的，任何东西都无法令原子产生变化，锶永远是锶，锌原子永远是锌原子，可是现在呢？这些定律都违反了吗？

现在也许你会觉得失望，好像我们以前讲过的理论都是错误的，原子并不是稳定不变的。其实是你进入了一个新的世界，这个世界中的原子不是稳定不变的，它们会崩坏，却没有消灭，只是变成了另一种原子。

门捷列夫元素周期表后半部都是云雾，你穿过它们，穿过乱飞的氦原子迸发出的火花和 X 射线，走到螺旋的最后一级台阶，这深处的谁也不知道的。

可你要知道，这是在天空灼热发光的星体的内部深处一个深处，而非地球的深处。那里的温度非常高，达到多少亿摄氏度，压力非常大，大到我们地球上的大气压的数字根本无法把它表示出来；在那里，门捷列夫周期表里的所有原子都在处在混沌中，并在疯狂地闪光和分裂。

也就是说，以前我们说过的理论都是错误的吗？炼金术士试图从汞中炼出金子的想法反而是正确的？从砷和"哲人石"中能炼出银子吗？100 年前，科学幻想家就认定原子是不稳定的，它们会产生变化，在一个复杂的世界中，一种原子会变成另一种原子，这种理论不也是对的吗？

不要认为门捷列夫周期表是一张由方格组成的死表。这张表可以说明过去、今天甚至未来的情况：从这张表中可以看出一种原子变化为另一种原子的神奇过程。这是一张原子在自己的世界中相互争斗的图画。

从门捷列夫周期表中可以看到宇宙历史和宇宙生活，在大宇宙中，原子只是一个小单位，在门捷列夫元素周期表复杂的周期、类和方格里，这一粒粒小小的原子不会稳定不变，它们永远都在改变着自己的位置。

也正因为如此，才使我们看到了周围世界中的最不可思议的奇妙景象。

4.5 结尾

到此，这本书也进了尾声，我们想要像元素一样旅行，就要把自己变成移动着的小原子，只有这样，才能进到地球中心处或是火热的天体里，才能看到各种原子在宇宙中、在人的手中、在工业上和国民经济中的动作情况。

所有原子都走过了漫长的历史道路，我们不知道它们从什么地方、什么时候开始，也不知道它们在哪里、何时结束。我们也不清楚原子是如何产生的，它们在地球上是如何旅行的。地球的未来是未知的，在那样的岁月里，原子又会有怎样的命运，我们更不知道。

我们只知道，有些原子离开地球来到了星际空间，在那里，一立方米的空间里只有不到一个原子，那里的原子总数只有宇宙空间的 10^{31} 分之一。

还有一些原子分散在地球的土壤里、海洋和其他地方的水里；还有一些原子逐渐回到了地壳深处，这是它们受到万有引力规律支配的缘故。

在原子的性质方面，有一类原子是相对稳定的，它们非常结实，像用洁白的骨头制造出来的台球一样；第二类原子与前一类的不同，它富有弹性，就像孩子们玩的皮球那样，它们冲撞上以后会就交叉在一起，形成一种复杂的结构，在它的外围还会形成电场；第三类原子会自己分裂，连核部也一起分裂，与此同时，会放出能量，这种原子就会变成奇怪的气体，人类根据蜕变规律对这种气体的寿命作了精密的测定，它们有的可以活几百万年，而有的寿命则很短，只能活几年、几秒甚至几万分之一秒。

我们这个复杂的世界中有差不多 100 种元素，可这些原子的形状和特性却各有不同，它们互相配搭形成的结构又是那样的千差万别。

到目前为止，人类只是用新的视角来解读地球上化学元素的神秘历史。自然界只揭露出地球化学的一小部分面貌，对地壳上每种元素的动态的观测和研究时间还很短，却早就给自己规定了研究任务：作出每种原子动态的报告，找出每种原子的特性，掌握每种原子的优点和缺点，总之，深入地了解每种原子，就是为了用这些研究事实编成完整的原子史和宇宙史。

到现在为止，人类还是无法摸透原子的性质，可它却决定着历史上的每个环节。复杂而意义深刻的规律又支配着原子在大宇宙里的命运、在地球上和在人手里的命运。

我们研究原子，要了解它在地球上的动态，并不是为了满足好奇心，而是为了懂得支配它们的方法，从而使它们更适应人类工业、农业和文化上发展的需要。

我们研究原子，希望能用原子制造出人类需要的任何东西来，例如，我们想要制造出比金刚石还硬的合金，就要知道原子在金刚石复杂结构中的排列情况。

对于金属化合物的性质，我们应该了解得非常清楚，而非只知道个大概。

铯和铊的原子非常容易失掉外层电子，对于它们，我们应该多开采和提炼，我们可以用它们制造可以随身携带的非常精巧便捷的电视机，或用它们制造精致小巧得像书本大小的有声电影机。

人类可以创造性地把自然界中一切有害的力量变成有用的力量，我们对原子的研究是为了利用原子，让它服从人的意志，甚至也包括整个自然界和全部门捷列夫周期表在内，都能服从人的意志指挥。

所以我们要了解和掌控原子，这是我们地球化学工作者的思想和任务。

我们这个长篇故事马上就要结束了，就用下面几句话来作这个故事的结束语吧！

但是，你们认为科学和学问也会有结尾吗？这个问题的答案我要明确地告诉你们。

这本书讲的知识很多，却只是我们这门知识的开端，就算你把这本书再认真地读上几遍，理解透某几种元素的动态，但它仍然只是个开头，这一点不得不承认。

如果想在神秘的自然界中探寻出更多的秘密，那就需要我们更加努力地多学习、多读书。

最后，送给年轻的读者几条简短的、但非常有用的劝告：

1. 多阅读矿物学、化学、物理学和矿产类别的书，认真研究门捷列夫周期表。
2. 参观有关矿物学、地球化学、有关工业的和各地区的博物馆。
3. 参观工厂，多了解生产方面的知识以及生产过程中的化学变化。
4. 夏季经常到矿山、矿坑和采石场参观，地球上规模最大的实验室莫过于大自然了。
5. 想一想如何更好地利用自己祖国的天然资源，尽力寻找地下的矿藏。

在工作中，如果你遇到了困难，或许根本不懂，或许会感到枯燥无味，但千万别灰心，要勇敢地前进，努力探索，深入地钻研科学上的难题，相信自己，认清祖国有着无穷无尽的宝藏正等着你去挖掘开采，相信祖国人民有着无穷无尽的智慧和创造力，相信祖国的未来更加美好。